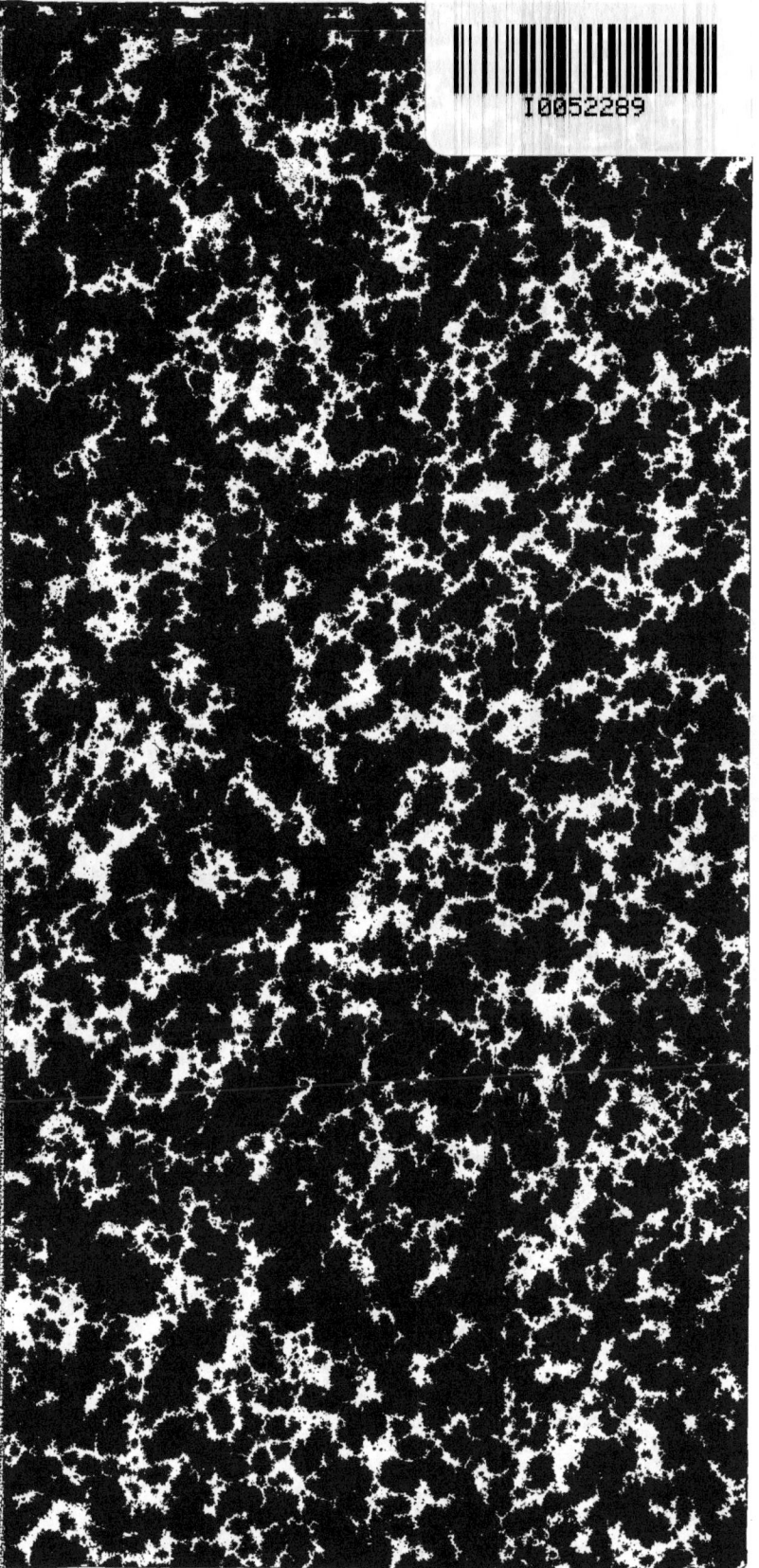

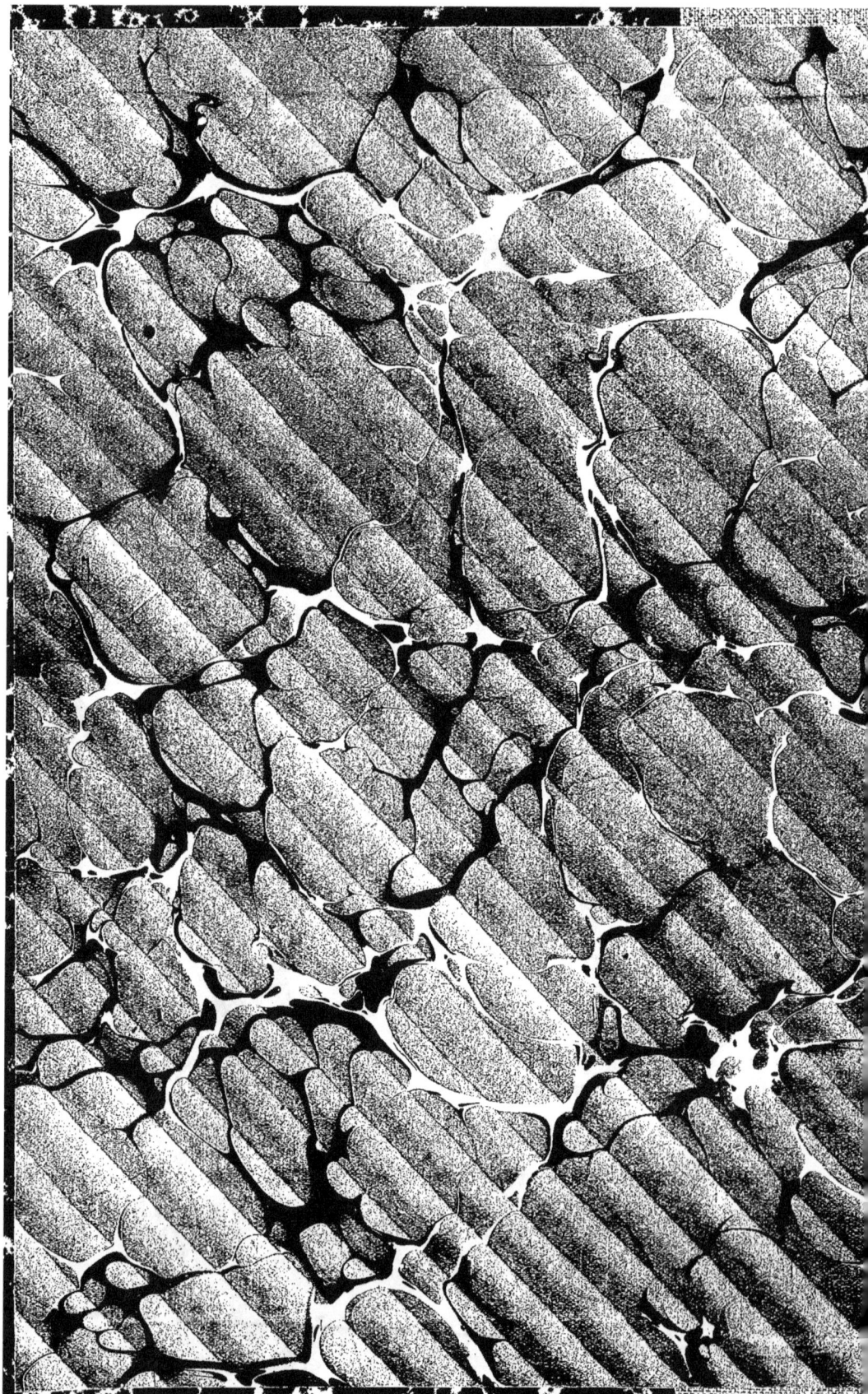

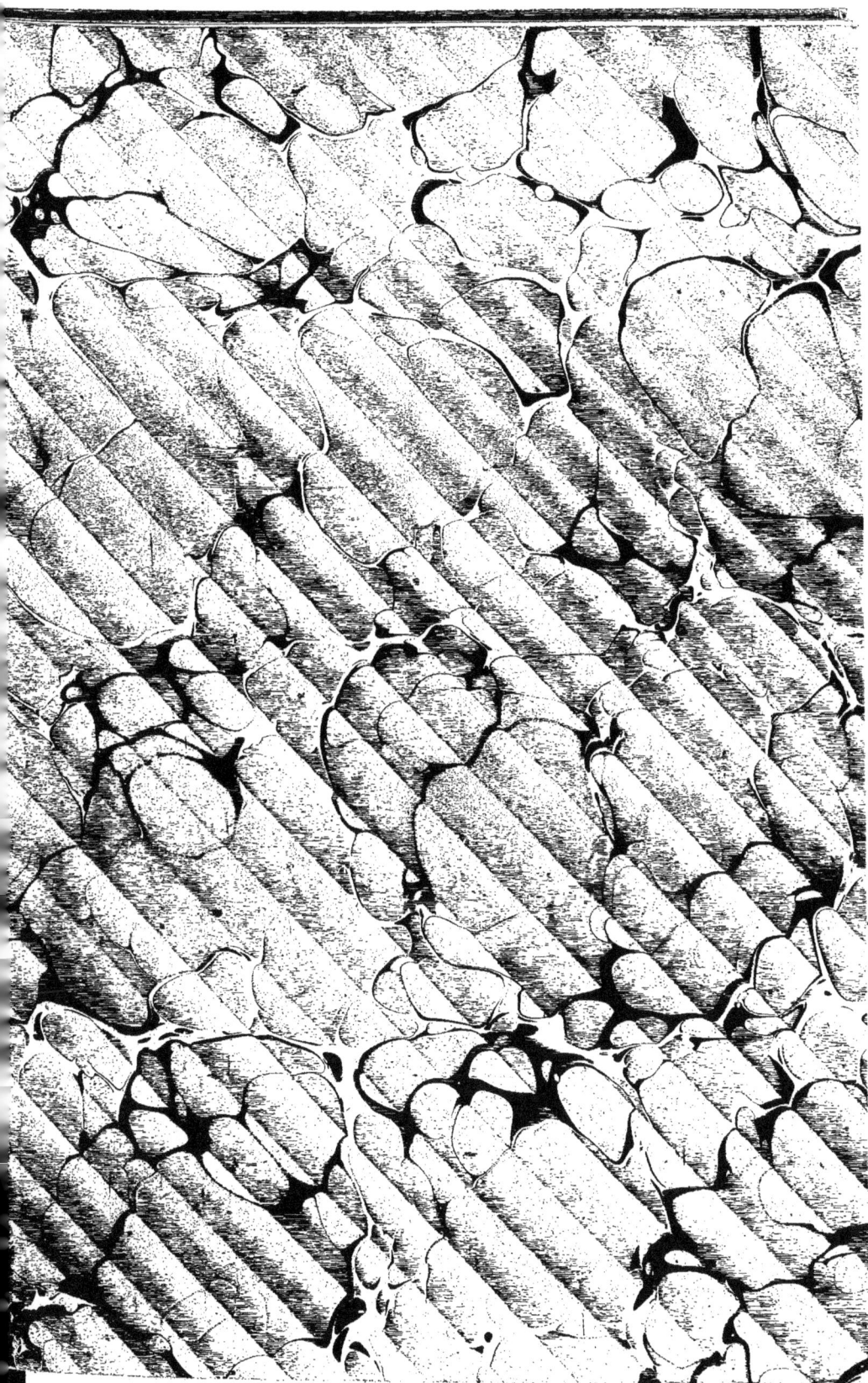

J. EBRARD

LES

CÉPAGES AMÉRICAINS

POUR LA RECONSTITUTION

DU

VIGNOBLE FRANÇAIS

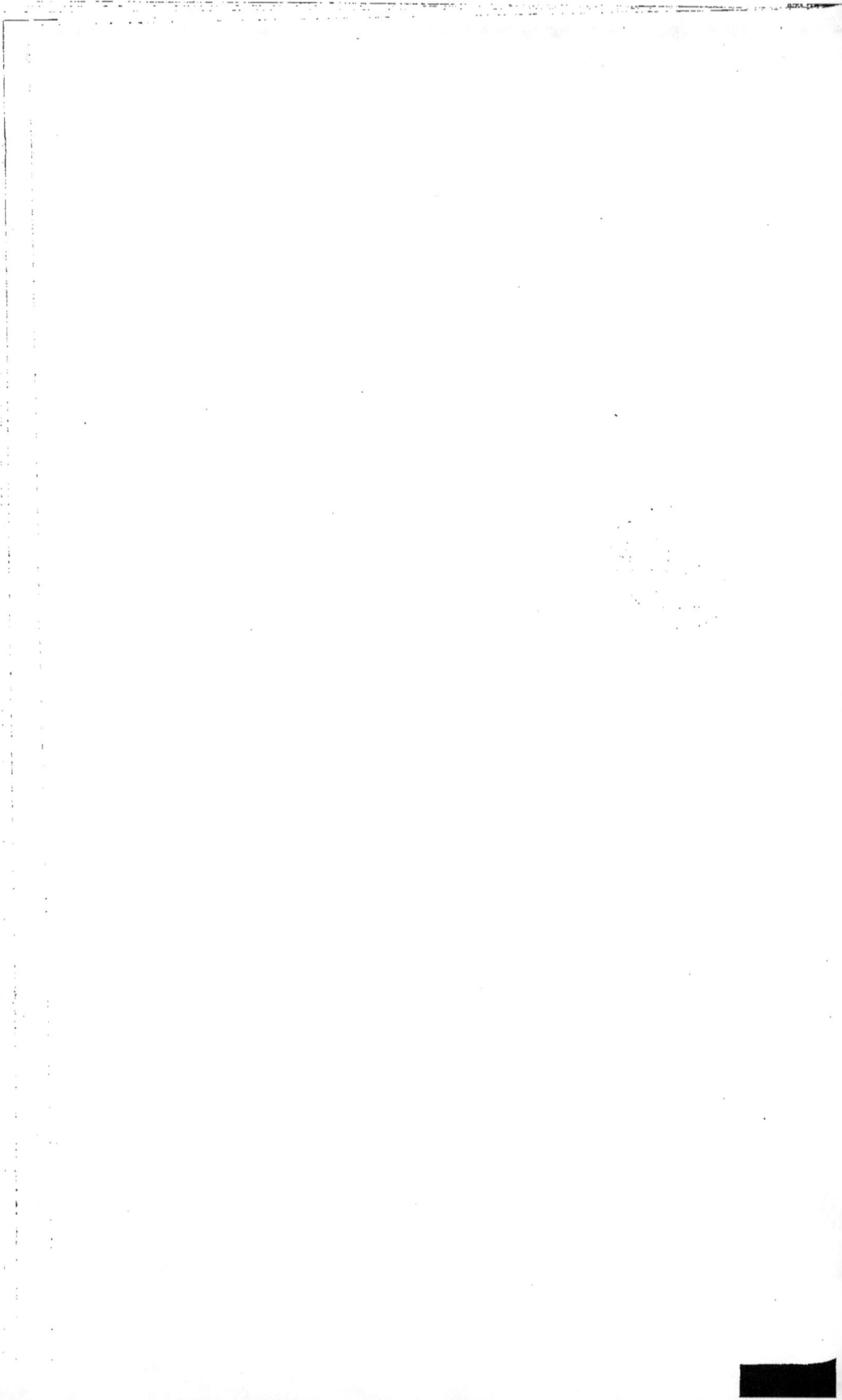

LES

CÉPAGES AMÉRICAINS

POUR LA RECONSTITUTION

DU

VIGNOBLE FRANÇAIS

DESCRIPTION DES VARIÉTÉS PRINCIPALES

PORTE-GREFFES ET PRODUCTEURS DIRECTS

Avec planches de grandeur naturelle

PAR

J. GRANDVOINNET

Professeur départemental d'Agriculture.

PRÉCÉDÉ D'UNE INTRODUCTION SUR L'ÉTUDE DE CES CÉPAGES

PAR

M. MENAULT

Inspecteur général de l'Agriculture.

———— ◦◈◦ ————

PARIS

OCTAVE DOIN
Éditeur
8, PLACE DE L'ODÉON, 8

LIBRAIRIE AGRICOLE
DE LA MAISON RUSTIQUE
26, RUE JACOB, 26

1900

PRÉFACE

Mon cher Grandvoinnet,

M. Doin, votre éditeur, m'a remis votre travail, comprenant environ cinquante variétés de feuilles grandeur naturelle des cépages américains, dont vous avez résumé les conditions d'adaptation et de résistance au phylloxéra.

J'ai toujours été, comme vous le savez, partisan des leçons de choses, c'est-à-dire de l'enseignement par les yeux. Après avoir vu vos images prises sur les feuilles de vigne elles-mêmes, j'ai pensé qu'en les publiant vous rendriez service à ceux qui, désireux de connaître les cépages américains, n'ont ni herbier, ni pépinière pour apprendre à les distinguer.

La feuille peut d'autant mieux servir à distinguer ces différents cépages qu'elle est, morphologiquement parlant, le type et comme le résumé de la plante tout entière. N'a-t-on pas dit qu'un arbre est une grande feuille dont le tronc n'est qu'une nervure médiane.

Il existe aussi des rapports incontestables entre les feuilles et les racines : le chevelu est, en quelque sorte, un feuillage souterrain, et généralement dans le sol, le développement du chevelu absorbe les éléments de la sève et les transporte jusqu'aux feuilles.

Il y a une relation de développement entre ces deux organes et on peut, jusqu'à un certain point, préjuger de la vigueur des racines, de leur résistance au phylloxéra par le développement vigoureux des feuilles.

Vous avez bien résumé les conditions d'adaptation et de résistance à l'insecte nuisible. Et votre publication, essentiellement basée sur la

1

connaissance des feuilles, aidera à reconnaître les cépages américains dont vous avez indiqué les aptitudes. Je n'en veux d'autre preuve que la classification du Riparia par l'aspect des feuilles donnée par M. Viala.

Il les classe en effet :

1° En Riparia tomenteux, c'est-à-dire en Riparia dont la surface des feuilles, les nervures et les sarments sont couverts de poils plus ou moins longs, souples et serrés, de manière à ressembler à peu près à du velours. Les Riparia tomenteux se divisent en Riparia à grandes feuilles et à petites feuilles ;

2° En Riparia glabres, c'est-à-dire sans poils et subdivisés en Riparia à feuilles lobées, découpées, et Riparia à feuilles entières avec petites feuilles ou grandes feuilles. Les grandes feuilles se subdivisent elles-mêmes en feuilles ternes, minces ou épaisses, en feuilles luisantes, arrondies ou allongées.

Il serait à désirer que les principaux cépages américains, ceux qui sont le plus employés chez nous, fussent ainsi classifiés, l'étude en serait beaucoup simplifiée, mais, en attendant ce travail, je suis convaincu que la vue de vos images de cépages américains, de grandeur naturelle et d'une exactitude parfaite, suffira pour laisser dans la mémoire un souvenir durable.

De plus, vos figures réunies en tableaux placés dans les écoles des régions viticoles formeront un enseignement par les yeux d'une utilité incontestable.

Agréez, mon cher Grandvoinnet, l'assurance de mes sentiments les plus affectueux.

ERNEST MENAULT,
Inspecteur général de l'agriculture.

CÉPAGES AMÉRICAINS

INTRODUCTION

Ce petit travail sur les vignes américaines anciennes et nouvelles a été fait sur l'initiative de M. E. Menault, inspecteur général de l'agriculture. En 1886, j'ai fait paraître une notice analogue dans le *Bulletin* de la Société d'agriculture de l'Ain, mais elle ne concernait que les cépages américains les plus répandus alors, tant porte-greffes que producteurs directs, une douzaine environ. M. Menault a pensé que ce travail pouvait être repris, mais en lui donnant plus de développement et même être complété par la suite.

Actuellement, en effet, il n'en est plus de même. La plupart des vignes sont reconstituées en plants greffés, mais, dans certaines localités, il faut compter avec la nature du sol. Des plantations faites avec les cépages cotés parmi les plus résistants au phylloxéra, comme les Riparia, ont présenté des signes d'affaiblissement marqué dans les sols où la dose de calcaire est assez élevée. Il y a cependant des exceptions, et l'on peut citer des plantations sur Riparia datant de dix ans et plus et cependant d'une belle venue dans des sols renfermant plus de 30 p. 100 de calcaire.

La réussite, dans ce cas, tient à diverses causes : nature du sous-sol, profondeur, et, aussi, à ce fait que dans beaucoup de sols classés comme *terrains blancs*, l'argile annule en partie l'effet chlorosant du calcaire. (Travail de M. Chauzit, professeur départemental d'agriculture du Gard ; de M. Houdaille, professeur à Montpellier, etc.)

Or, actuellement les viticulteurs ont à leur disposition des porte-greffes hybrides, *franco* × *américains* et *américo* × *américains* qui présentent de réels avantages sur les anciens, surtout pour les sols trop calcaires. Ils peuvent donc choisir ce qui convient le mieux aux terrains à complanter.

Est-ce à dire que les anciens porte-greffes doivent être délaissés? Nous ne le croyons pas. la plupart des vignes françaises reconstituées sont greffées sur Riparia et sur près de la moitié du nouveau vignoble français. Ce plant est toujours en faveur et avec raison, car. sélectionné comme il l'est actuellement. il constitue l'un des meilleurs porte-greffes.

Mais il est des terrains où le calcaire domine et à un état peu favorable aux américains purs (terrains marneux. jurassiques. sols crayeux de la Champagne ou des Charentes, etc...) et où les greffés sur Riparia sont morts de la chlorose ou tout au moins fortement déprimés.

Dans les départements non encore reconstitués et qui possèdent des terrains analogues. et souvent dans les crus les plus renommés. on hésite quant au choix du porte-greffe. On pourrait alors faire observer que le plus simple était de ne pas greffer sur l'Ialla ou sur Riparia, puisque ces plants ne réussissent pas dans certains terrains.

La réponse est facile. Il y a dix-neuf ans les vignes greffées sur Riparia étaient encore relativement l'exception et, même dans l'Hérault, nous nous souvenons d'avoir vu. en 1879. des vignes en pleine production greffées en Concord, de M. Pagézy. près Montpellier, et greffées sur Clinton de M. Farel des Hours. à Mauguio. dans le voisinage de Montpellier également.

Or qui parle actuellement du Concord et du Clinton comme porte-greffes ? Personne ! Ce sont des porte-greffes préhistoriques. Cependant les viticulteurs qui les ont employés au début étaient des hommes de progrès et les résultats obtenus par eux ont servi à vulgariser le greffage.

Depuis quinze ou vingt ans on greffe, on recherche dans chaque région le porte-greffe qui convient le mieux. Il serait vraiment regrettable que tant de travail fût perdu, et qu'aucun progrès n'ait été accompli.

Et actuellement, tout en tenant compte de la valeur des anciens porte-greffes. l'on peut dire que les viticulteurs ont à leur disposition une série de plants. soit porte-greffes. soit producteurs directs (très souvent plants à deux fins) qui présentent des avantages marqués sur les anciens.

Ces nouveaux plants. hybrides de français et d'américains (franco × américains) exemple l'Aramon × Rupestris ou d'américains hybridés entre eux. exemple : Riparia × Rupestris. etc.... possèdent les qualités d'adaptations aux terrains calcaires que n'ont pas toujours les américains purs.

A cet égard les franco × américains (Aramon × Rupestris, Colombeau × Rupestris (Gamay Coudère). Mourvèdre × Rupestris 1202, etc.) possèdent une aptitude spéciale qu'ils tiennent de la vigne française. Mais leur résistance au phylloxéra est discutée. (Ils ont cependant déjà servi à reconstituer des vignobles actuellement en pleine vigueur.)

D'autres hybrides, les *Américo* × *Américains* (la série des *Riparia* × *Rupestris*, des *Solonis* × *Riparia*, les hybrides de *Riparia* × *Berlandieri*, etc...) présentent, tant pour le greffage que pour l'adaptation à certains sols difficiles, des qualités que ne possèdent pas toujours les américains purs. On dit ces hybrides plus résistants que les autres au phylloxéra, quoique ne possédant pas à un si haut degré que les franco × américains la résistance au calcaire.

En tout cas il y a des vignobles reconstitués en hybrides franco × américains et américo × américains greffés, dans des sols où les anciens porte-greffes ont subi des échecs.

Il y a là un ensemble de faits que le cadre de ce travail ne nous permet que de signaler.

Mais l'on peut dire qu'aujourd'hui les viticulteurs ont à leur disposition une série de porte-greffes et même de producteurs directs qui permettent, dans l'état actuel de la question, de tenter la reconstitution des vignobles avec de grandes chances de succès.

C'est heureux, autrement ce serait à désespérer de voir réduits à néant les travaux et les études de MM. Foëx, Viala, Ravaz et de chercheurs comme MM. Couderc, Millardet, Ganzin, Castel, Dᵣ Davin, Roy-Chevrier. etc.

Mais les nombreux hybrides sont de plus en plus nombreux (M. Millardet en a catalogué plus d'un millier depuis quinze ans !) et leur étude de plus en plus difficile, ce qui a motivé la publication de cette notice, encore fort incomplète assurément.

Nous tenons à remercier MM. Rougier, Roy-Chevrier, Couderc, L. Convert, E. Chambaud, Maureau, M. Parent, directeur de la pépinière départementale à Chambéry, etc., des échantillons qu'ils ont bien voulu nous procurer.

J. GRANDVOINNET,

Professeur départemental d'agriculture de l'Ain.

CLINTON

DESCRIPTION. — Aspect général rappelant celui du Vialla. *Souche* vigoureuse, port étalé. — *Sarments* longs et grêles. — *Débourrement* blanc brunâtre passant au rose. — *Feuilles* cordiformes, dentelées finement, couvertes de poils raides à la face inférieure et sur les nervures. (C'est là un caractère permettant de distinguer le *Clinton* du *Vialla*.) — *Grappes* plutôt petites, très nombreuses, à grains moyens, et produisant un vin noir, très coloré et foxé; maturité de première époque. — *Hybride de Riparia et de Labrusca*. — L'un des plus anciens cépages américains introduits en France. Il a donné par semis divers plants tels que le *Black-Pearl*, le *Vialla*.

Du Labrusca il possède une certaine affinité au greffage, mais sa résistance au phylloxéra est insuffisante. Il est abandonné comme porte-greffe dans le Midi depuis longtemps. Il résiste mieux dans le Centre, mais ne saurait être conseillé. Ce plant craint le calcaire. On l'a propagé, il y a quelque années, comme plant direct dans l'Ardèche, la Drôme, l'Isère, le Jura et l'Ain, avec plus ou moins de succès, sous le nom de *plant de Pouzin*.

Cette faveur date de 1886-88, alors que le mildiou, mal combattu, ravageait nos vignes françaises ou greffées, seul le Clinton résistait à la maladie. Il produit, comme plant direct une grande quantité de petits raisins donnant un vin foxé, noir et alcoolique. Pour cet usage, cultiver le *Clinton* à très longue taille et planter à grande distance; c'est une condition indispensable à la réussite.

Clinton.

VIALLA

DESCRIPTION. — *Souche* vigoureuse, à port étalé. — *Sarments* longs et réguliers. — *Bourgeonnement* brun, puis de couleur rosée. — *Feuilles* ressemblant à celles du Clinton, mais moins dentelées ; et, au-dessous recouvertes d'un duvet aranéeux au lieu de poils raides comme dans le Clinton. (Voir n° 1, notice du Clinton.) — *Grappe* à grains moyens, à pulpe épaisse, goût foxé très prononcé. — *Racines* à développement superficiel. Provient d'un semis de Clinton ; a été appelé longtemps le Clinton-Vialla. C'est un porte-greffe très répandu dans le Beaujolais et le centre de la France, plutôt que dans le Midi. Les sols granitiques du département du Rhône lui conviennent bien. C'est peut-être le porte-greffe qui réussit le mieux au greffage et donne les plus belles soudures. Il craint la sécheresse et le calcaire en excès. On en a dit beaucoup de bien et beaucoup de mal. Il est certain qu'il ne présente pas dans les sols calcaires la résistance des nouveaux hybrides, mais beaucoup de vignobles sont reconstitués avec ce porte-greffe et sont encore en bon état. Au début, certains vignobles ont été greffés sur du Clinton *vendu comme Vialla*, qui du reste lui ressemble beaucoup, c'est ce qui explique certains insuccès.

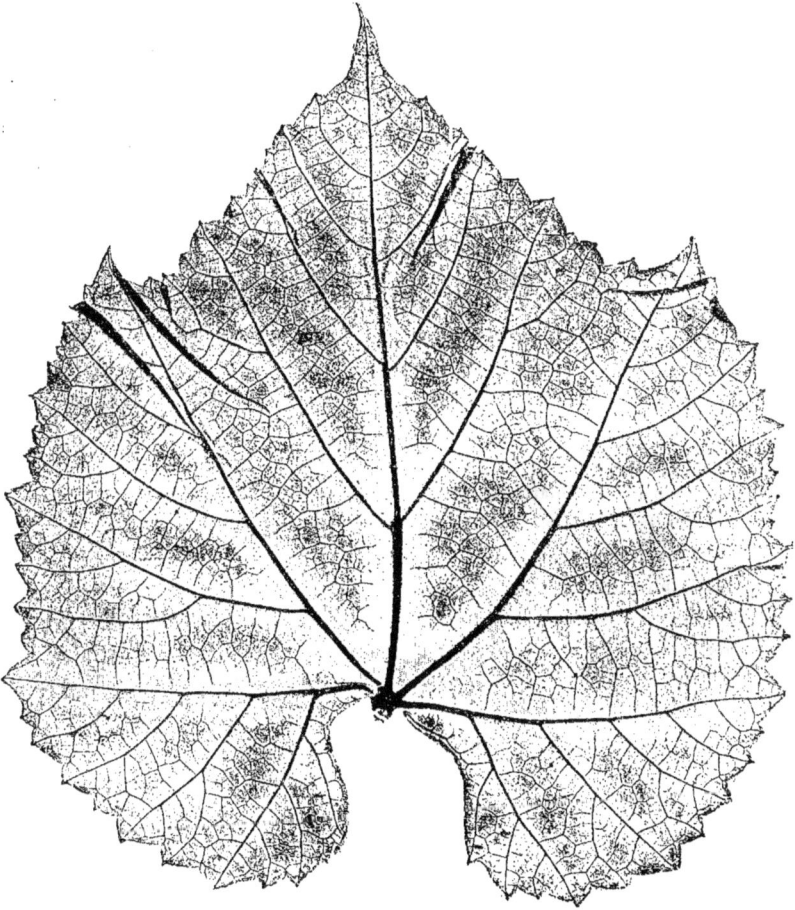

Vialla.

RIPARIA

Les *Riparia* sont les plus répandus comme porte-greffes. Leur grande résistance au phylloxéra, leur tendance à faire fructifier de bonne heure les variétés françaises avec lesquelles on les greffe, etc. Ces qualités ont mis les Riparia en honneur. Il y a lieu cependant de faire un certain choix, car tous les Riparia ne sont pas également bons.

Vulgarisés par M. Millardet en 1874, étudiés par M. le Dʳ Despetis, les Riparia ont été, depuis cette époque, l'objet d'une sélection suivie, d'où résultent les variétés que nous indiquons ici. On doit rechercher avant tout, parmi les Riparia, les variétés vigoureuses. Ne les planter que dans les sols frais, peu calcaires ou non calcaires (quoiqu'il y ait des exceptions).

Le Riparia *Gloire* est l'un des plus vigoureux et celui qui, actuellement, est le plus apprécié.

Gloire de Montpellier. — Connu également sous le nom de Riparia *Portalis*. Riparia *Michel*, Riparia *Saporta*, etc...

Description. — *Souche* grosse et vigoureuse. —*Sarments* étalés ; longs mérithalles, de grosseur régulière. — *Feuilles* grandes, gaufrées, d'un vert brillant, terminées en pointe accentuée ; sinus pétiolaire profond.

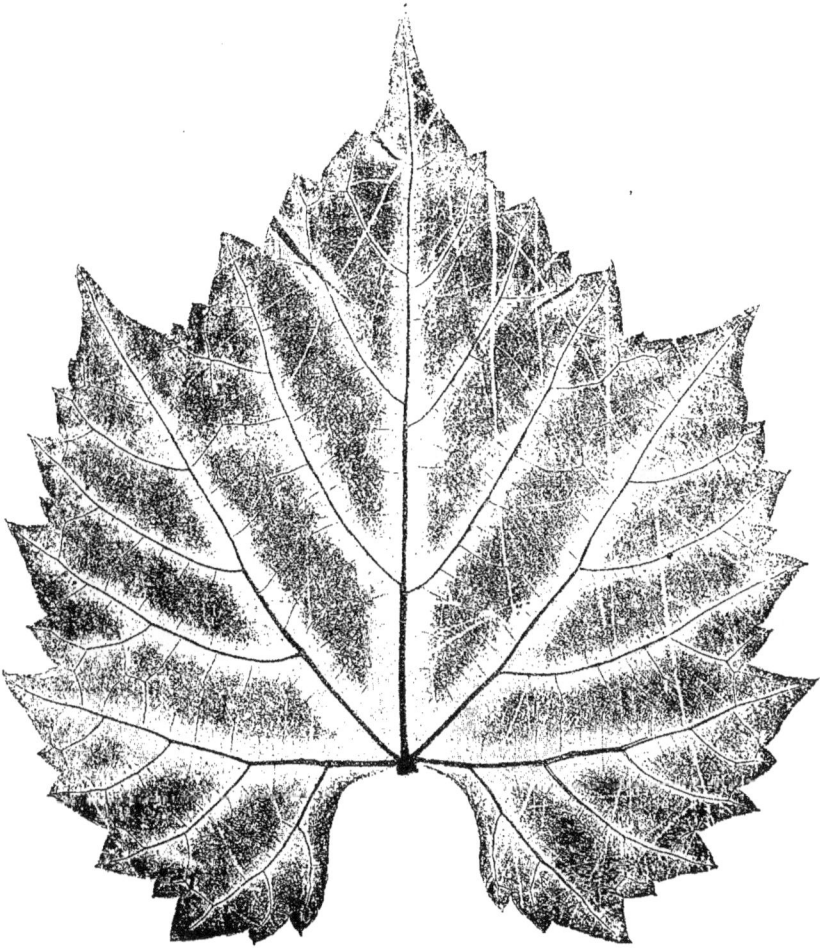

Riparia Gloire.

RIPARIA GRAND GLABRE

Souche assez vigoureuse. — *Sarments* longs, de grosseur moyenne à larges mérithalles. — *Feuilles* d'un vert foncé et lustré à la face supérieure, garnies au-dessous de poils raides sur les nervures. *Sinus* pétiolaire très ouvert, ce qui permet de distinguer ce Riparia du Riparia *Gloire*. Le Riparia grand glabre est très vigoureux et convient, mieux que le Riparia Gloire et le tomenteux, aux terrains secs.

Riparia grand glabre.

RIPARIA TOMENTEUX A GRANDES FEUILLES

DESCRIPTION. — *Souche* très vigoureuse. — *Sarments* longs, de grosseur plutôt moyenne. — *Feuilles* grandes, d'un vert foncé mais plutôt ternes à la face supérieure, à nervures très prononcées au-dessous. Poils très visibles sur les nervures et sur les rameaux. — *Sinus* pétiolaire ouvert.

Ces Riparia tomenteux conviennent aux sols plutôt frais et profonds, surtout les variétés à bois violacé. Les variétés à petites feuilles sont plus rustiques.

Riparia tomenteux.

SOLONIS

Description. — Présente au premier abord quelque analogie avec le Riparia, mais s'en distingue par sa *feuille* d'un vert glauque très caractéristique et aussi par sa forme plus raide, un sinus pétiolaire très ouvert. La *souche* est forte, trapue, les *sarments* longs, assez réguliers, légèrement duveteux.

Ce cépage craint beaucoup l'Anthracnose.

On croit ce plant hybride de *Vitis candicans*, *Riparia* et *Rupestris*. — L'un de ceux, parmi les *anciens porte-greffes* qui craignent le moins le calcaire (il y a mieux aujourd'hui. — A cet égard, il est supérieur aux Riparia. — Préfère les sols argileux frais aux sols cailloux et secs. — Dans ces derniers sols sa résistance au phylloxéra diminue notablement.

Variétés : Solonis à *feuilles lobées*, Solonis *Feytel*, Solonis *robusta*, etc.

Solonis.

LES RUPESTRIS

GÉNÉRALITÉS

Les rupestris sont très nombreux. D'une très grande vigueur. à port plutôt buissonnant. — *Sarments*, souvent très gros à la base et trop minces à l'extrémité. garnis abondamment de bourgeons anticipés. vigoureux. — Le rendement en sarments greffables. de grosseur régulière. est inférieur à celui des Riparia et des Vialla, car il y a beaucoup de sarments trop gros ou trop petits et difficiles à greffer. Les jeunes pousses de Rupestris ont les feuilles repliées en gouttières et sont très caractéristiques (voir pl. 19). — Actuellement les Rupestris comptent parmi les porte-greffes les mieux sélectionnés depuis une quinzaine d'années. Au début. il y avait nombre de variétés sans aucune valeur.

On s'accorde à reconnaître que les variétés de Rupestris à feuilles trop petites. à port trop buissonnant. à sarments courts et à feuilles d'un vert jaunâtre et terne. présentent une vigueur insuffisante et sont peu recommandables.

Les variétés à sarments longs et forts. à feuilles lustrées. sont au contraire à préférer. C'est dans cette seconde catégorie qu'on rencontre les meilleures variétés : Rupestris Mission. R. du Lot, R. Ganzin et R. Martin. etc.

Cette figure a pour but de montrer l'aspect très caractéristique des jeunes feuilles de Rupestris, toujours repliées en gouttière. C'est l'un des caractères les plus saillants du Vitis Rupestris et facile à reconnaître même à une certaine distance.

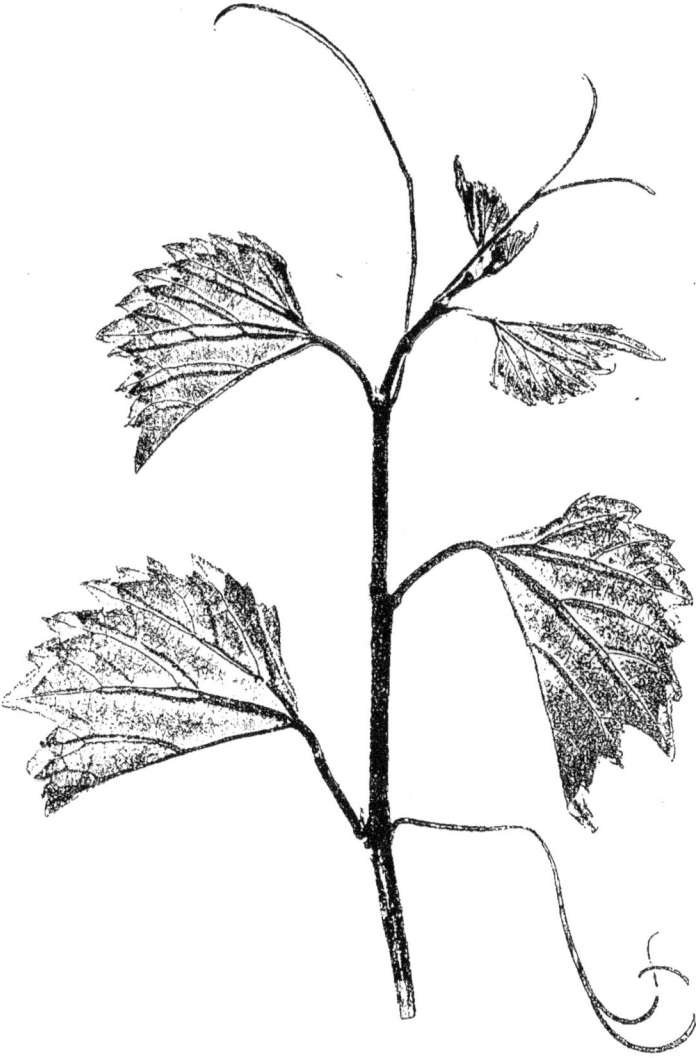

Jeune pousse de Rupestris.

RUPESTRIS MISSION

Variété de Rupestris très vigoureux. *Souche* forte, courte, à port étalé. — *Sarments* forts, longs, jaunâtres, présentant moins de bourgeons antici- pés que les anciens Rupestris. — *Feuilles* assez incurvées, d'un vert glauque, à sinus pétiolaire très ouvert, mais cependant différent de celui du Rupes- tris du Lot. A conseiller pour les sols plutôt argilo-calcaires.

RUPESTRIS DU LOT

DESCRIPTION. — *Souche* très forte, port érigé et bien plus nettement que pour les autres variétés de Rupestris. — *Feuilles* assez grandes ou moyennes, peu repliées en gouttière, à vert un peu glauque et à reflet métallique.

Le sinus pétiolaire du bas de la feuille est beaucoup plus ouvert que les autres variétés de rupestris. — *Sarments* gros et noueux.

S'appelle aussi Rupestris phénomène, Rupestris Sijas, Rupestris Saint- Georges érigé, Rupestris Lacastelle, Rupestris Reich, etc. Il est plus connu dans le commerce sous le nom de Rupestris Monticola, ou simplement *Monticola* (ce qui est du reste une erreur), mais l'on est obligé de tenir compte de cette dénomination vicieuse.

Ce Rupestris est actuellement le plus en vogue et l'un des plus vigou- reux.

Dans les sols même assez calcaires, il résiste à la chlorose. Il vient éga- lement bien dans les terrains argileux et dans les terrains secs, où il est surtout à conseiller. Dans les sols riches ou bien fumés, il est souvent si vigoureux, que la coulure se produit facilement ; on est obligé dans ce cas de le tailler spécialement. Ce cépage, actuellement, jouit d'une faveur qui rappelle celle du Riparia il y a une quinzaine d'années.

Rupestris mission.

Rupestris du Lot.

RUPESTRIS GANZIN

DESCRIPTION. — *Souche* vigoureuse, à port plutôt buissonnant. — *Sarments* assez gros.— *Feuilles* de dimensions moyennes. plus larges que longues, vert glauque, à sinus pétiolaire plus fermé que celui du Rupestris du Lot.

Provient du Texas, d'où il a été introduit en 1874. C'est l'un des meilleurs Rupestris connus. Il a. dès son apparition, remplacé la plupart des variétés connues plus ou moins bonnes. Cependant, malgré ses qualités, on tend aujourd'hui à le remplacer par le Rupestris Martin ou par le Rupestris du Lot.

Ce Rupestris est, dans certains sols cailouteux et secs, remplacé avec avantage par le Rupestris Martin.

Rupestris Ganzin.

RUPESTRIS MARTIN

DESCRIPTION. — *Souche* vigoureuse à tronc fort. — *Sarments* gros et noueux. — *Feuilles* moyennes aussi larges que longues, à bords ondulés et d'un vert glauque. *Sinus* pétiolaire relativement peu évasé comme dans le Rupestris Ganzin.

Introduit en France par M. Martin, également en 1874, est, avec le Rupestris du Lot, l'un des porte-greffes les plus recommandables par sa vigueur et sa bonne réussite dans les sols cailloutenx et secs, peu profonds, mais non trop calcaires, où il se rabougrit. Il a été employé par M. Couderc à l'hybridation des nombreux cépages franco-américains que le célèbre hybrideur a livré à la viticulture depuis une quinzaine d'années.

Rupestris Martin.

LES BERLANDIERI

GÉNÉRALITÉS

Les Berlandieri sont doués d'une très grande résistance au froid, à la sécheresse et à la chlorose, notamment dans les sols calcaires crayeux (Champagne, Charentes, etc.) ; les tufs renfermant de 40 à 70 p. 100 de calcaire. Mais, plus encore que pour le Riparia et le Rupestris, les Berlandieri doivent être sélectionnés avec soin.

Parmi les variétés introduites au début, beaucoup sont à pousses grêles, insignifiantes et incapables de donner des sarments de longueur et surtout de grosseur suffisante pour le greffage : tel est le Berlandieri ordinaire bien sélectionné (fig. 16), que l'on trouvait communément sur le marché, il y a une quinzaine d'années, et qui ne présente aucune valeur pratique. Nous n'indiquerons que l'une des meilleures formes obtenues par sélection.

Le bouturage des Berlandieri, tel qu'on le pratique pour les autres cépages est *très difficile*, même pour les variétés les plus vigoureuses. On ne peut le faire qu'en *pousses* (Viala et Ravaz) ou par un procédé spécial (Rességuier).

BERLANDIERI RESSÉGUIER

DESCRIPTION. — *Souche* et *sarments* forts et vigoureux, bois légèrement cannelé. —*Feuilles* grandes, allongées, à bords latéraux souvent parallèles, étalées, relativement minces, souples, lisses. — *Sinus* pétiolaire en V infléchi, forme très vigoureuse. Le numéro 2 est l'un des plus résistants à la chlorose.

M. Rességuier est arrivé dans sa pépinière d'Alénya (Pyrénées-Orientales), et après de très nombreux essais, à obtenir avec cette variété, des sarments et des racines d'une vigueur exceptionnelle par un procédé de bouturage tout particulier. C'est un cépage magnifique et qui mérite grandement d'attirer l'attention des viticulteurs. Nous avons du reste pu voir nous-même, à diverses reprises, les spécimens de ces sarments et de ces racines, qui sont de toute beauté.

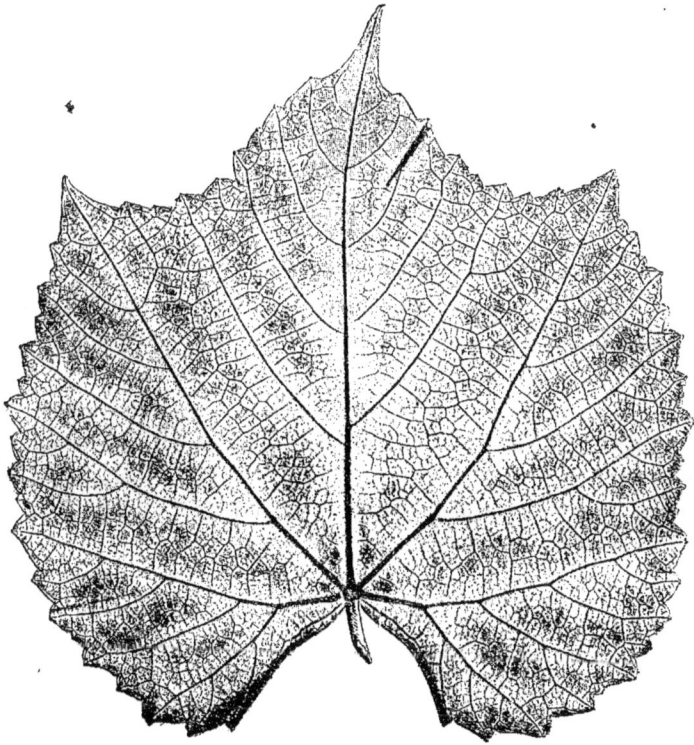

Berlandieri Rességuier, n° 1.

HYBRIDES NOUVEAUX

Depuis douze à quinze ans, divers viticulteurs en renom se sont ivrés à l'hybridation de plusieurs variétés françaises choisies parmi les plus vigoureuses ou présentant certaines qualités, avec les cépages américains sélectionnés et résistants. En général, le type américain choisi est le Rupestris, et notamment le Rupestris Martin, qui a servi à la création de la plupart des hybrides les plus répandus. Un certain nombre ont été obtenus avec le Berlandieri. Les hybrides obtenus dans ces conditions sont dits franco × américains.

L'on a également tenté d'hybrider entre eux les américains purs, ce qui a permis d'obtenir une série de plants ayant des qualités très distinctes des précédents et des américains purs. On trouve dans cette dernière catégorie de plants (américo × américains), un certain nombre de variétés très recommandables.

PORTE-GREFFES

1° HYBRIDES FRANCO × AMÉRICAINS

Les franco × américains porte-greffes présentent un grand nombre de variétés dues, pour la plupart, à MM. Couderc, Millardet, Ganzin, docteur Davin, Castel, de Grasset, etc.

Ces demi-sang américains (comme on les appelle) sont, en général, d'une grande vigueur, ils reprennent très bien au bouturage et présentent de belles soudures.

La reprise de ces hybrides à la greffe sur table est, en général, notablement moins élevée que pour le Riparia et surtout le Vialla. Mais on peut obtenir une reprise relativement meilleure en supprimant *très soigneusement* les yeux du porte-greffe et en soumettant à une *stratification* bien comprise les sujets et les jeunes greffes.

De plus, la plupart de ces nouveaux plants tiennent de la vigne française une faculté d'adaptation relativement assez grande aux sols calcaires dans lesquels ils se comportent mieux que les vignes américaines pures greffées.

On a objecté que leur résistance au phylloxéra est peut-être insuffisante et doit être inférieure à celle des américains purs, comme le Riparia ou le Berlandieri. Toujours est-il qu'un grand nombre de viticulteurs emploient ces hybrides franco-américains depuis plusieurs années comme porte-greffes et ont obtenu des plants greffés qui se comportent bien dans des sols renfermant de 20 à 40 p. 100 de calcaire. Ils se sont souvent montrés dans ces conditions plus résistants à la chlorose que le Riparia et surtout le Vialla. C'est là un fait dont il y a lieu de tenir compte dans l'état actuel de la question.

Parmi les hybrides franco × américains les plus appréciés comme porte-greffe nous citerons :

ARAMON × RUPESTRIS

DESCRIPTION. — *Souche* très forte, port demi-érigé. — *Sarments* larges, forts et moins garnis de bourgeons anticipés que les Rupestris purs. — *Bourgeonnement* un peu tardif et très court et présentant une grande abondance de grappes cou leur rouge bronzé à fleurs infertiles. —*Feuilles* grandes, peu découpées, glabres à la face supérieure et garnies à la face inférieure d'un tomentum peu serré. — *Sinus* pétiolaire ouvert. — *Racines* grosses et charnues s'enfonçant obliquement dans le sol.

L'Aramon × Rupestris n° 1 donne de très belles soudures au greffage, mais la réussite est bien moins élevée qu'avec les Riparia, Vialla et Solonis. Ce porte-greffe donne des souches d'une remarquable vigueur et où le sujet grossit aussi rapidement que le greffon.

Il y a deux variétés, le n° 1 et le n° 2. Assez difficiles à distinguer, on y arrive cependant avec un peu d'attention. — Les pousses du n° 1 sont plus rouges que celles du n° 2. Ses pousses sont glabres, celles du n° 2 sont recouvertes d'un duvet aranéeux. — A l'automne les feuilles du n° 1 rougissent; celles du n° 2 restent jaunes. — Le n° 1 est supérieur au n° 2 pour les sols calcaires. Ces deux plants conviennent admirablement aux sols argileux et argilo-calcaires.

Aramon $\times$ Rupestris, n° 1.

GAMAY GOUDERC OU COLOMBEAU × RUPESTRIS 3103

DESCRIPTION. — *Aspect* général de Vinifera-rupestris. — *Port* érigé. *Sarments* gros et droits, jaune clair, à mérithalles courts. — *Débourrement* tardif. — *Feuilles* moyennes, nettement trilobées, légèrement incurvées et d'un vert brillant caractéristique.

Obtenu par hybridation du *Colombeau*, cépage du Midi très rustique, supportant bien le calcaire et dans une certaine mesure assez résistant au phylloxéra) avec le *Rupestris Martin*. Il reprend facilement de bouture et assez bien au greffage en donnant de belle soudure. Sa grande vigueur lui permet de donner rapidement de gros ceps comme il convient pour les greffons vigoureux de nos principales variétés françaises. En sols calcaires à 35-40 p. 100 il se comporte assez bien et c'est l'un des porte-greffes qui, depuis six à huit ans, donne les meilleurs résultats dans les terrains marneux calcaires, mais il n'est pas à recommander pour les sols crayeux.

Comme résistance à la chlorose, il vient avant le Rupestris du Lot et après l'Aramon × Rupestris n° 1.

Il convient surtout aux sols calcaires marneux et non aux calcaires secs.

Gamay Couderc ou Colombeau $\times$ Rupestris, n° 3103.

MOURVÈDRE × RUPESTRIS 1202

DESCRIPTION. — *Souche* très vigoureuse, à grossissement rapide. — *Sarments* gros, rouge jaunâtre, à mérithalles courts. — *Feuilles* moyennes, aussi larges que longues, fortement dentelées. — *Racines* grosses charnues. Ce plant produit très peu de raisin. Il est d'une vigueur exceptionnelle.

Ce porte-greffe paraît supérieur comme vigueur et adaptation aux sols calcaires, aux hybrides précédemment décrits. Tout indiqué pour les sols marneux. — A conseiller également pour les mauvais terrains, même secs et caillouteux.

Sa réussite à la greffe est supérieure à celle de l'Aramon × Rupestris n° 1. En résumé, l'un des meilleurs hybrides franco-américains porte-greffes, à conseiller actuellement dans les sols marneux calcaires où il craint bien moins la chlorose que les hybrides décrits précédemment.

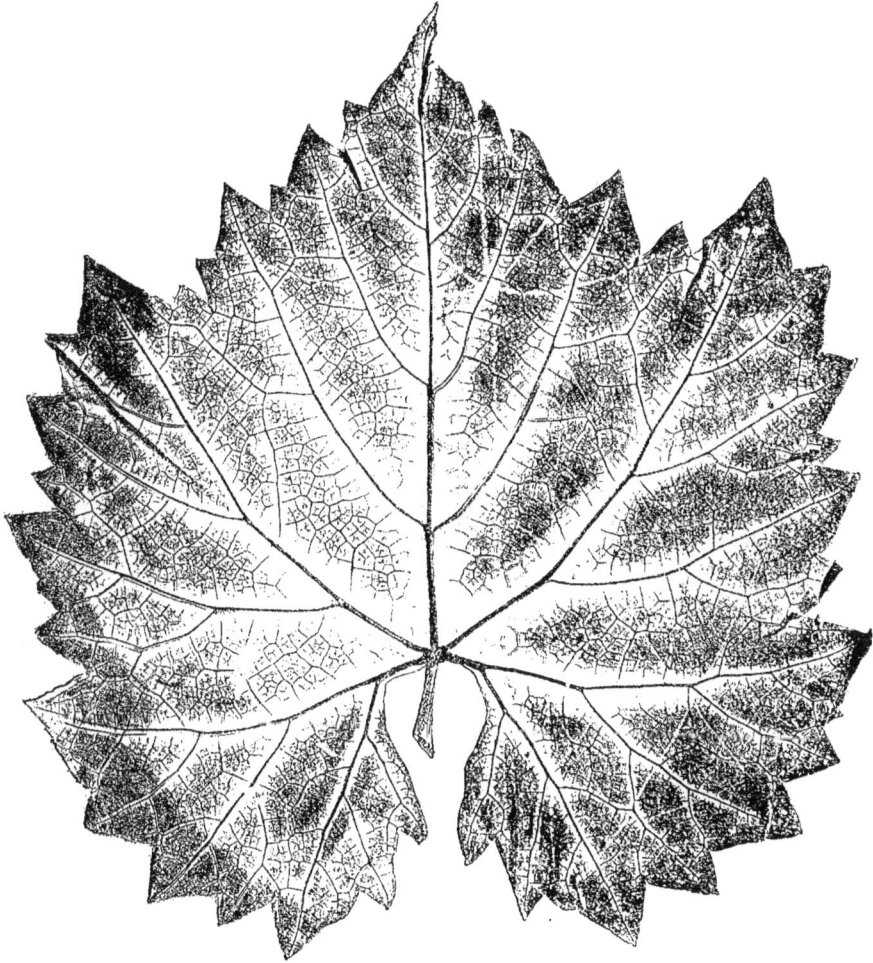

Mourvèdre × Rupestris, 1202.

BOURRISQUOU × RUPESTRIS 601

DESCRIPTION. — *Aspect* général de Rupestris à port érigé. — *Sarments* jaune violacé, gros, noueux. — *Feuilles* vert clair, glabres sur les deux faces, rondes ou légèrement tribobées, à dentelure irrégulière. — *Débourrement* précoce, passant du roux au vert clair. Produit un raisin assez long, à grappe cylindro-conique, grain petit. Vin assez coloré et franc de goût. Production variable et plutôt moyenne.

Bourrisquou $\times$ Rupestris, n° 601.

BOURRISQUOU × RUPESTRIS 603

DESCRIPTION. — *Aspect* général de Vinifera Rupestris, *à port étalé.* — *Sarments* violacés, gros et noueux. — *Feuilles* vert foncé, découpées plus nettement que celle du n° 601, garnies d'un duvet aranéeux au-dessous (nervures). — *Sinus* pétiolaire, plus ouvert également. — *Débourrement* moyen, tardif, passant du roux au vert grisâtre. — *Raisins* assez nombreux. de grosseur moyenne, grappe ailée, grains colorés, vin alcoolique et noir, franc de goût, maturité de troisième époque.

Bourrisquou × Rupestris, n° 603.

BOURRISQUOU × RUPESTRIS 604

DESCRIPTION. — *Aspect* général, port demi-érigé. — *Sarments* rouge orangé, longs et largement noués. — *Feuilles* vert franc, très glabres, grandes et très découpées, lobées. — *Sinus* pétiolaire, moins ouvert que dans le n° 603. — *Débourrement* roux et vert par la suite.

Raisins gros à grains lâches et moyens ou petits. Vin franc de goût et très coloré.

Ces trois hybrides, qui peuvent servir de porte-greffes et de producteurs directs, sont très résistants au phylloxéra. Ils se comportent également bien en sols calcaires sans avoir cependant la même vigueur que le 1202 et le 3103, etc. Comme vigueur: on les classe ainsi : 604-601-603 ; comme résistant au calcaire : 601-603-604. On peut réserver le 601 et le 604 comme porte-greffe et le 603 comme producteur direct.

Bourrisquou × Rupestris, n° 604.

PORTE-GREFFES

2ᵉ HYBRIDES AMÉRICO-AMÉRICAINS

On donne ce nom aux cépages résultant de deux types américains purs, hybridés entre eux; par exemple *Riparia* × *Rupestris*, *Solonis* × *Riparia*, etc.

L'on pense que ces hybrides, d'après leur origine, doivent être plus résistants au phylloxéra que les franco-américains. Cependant tous les hybrides américo × américains ne peuvent être conseillés aux viticulteurs et leurs qualités ne diminuent en rien le mérite des franco-américains tels que les *Aramon* × *Rupestris*, *Mourvèdre* × *Rupestris*, etc. On pourrait presque dire qu'ils répondent à d'autres besoins. — On ne les conseille pas pour résister avant tout au calcaire, comme les hybrides de Vinifera × Rupestris (franco-américain). Ils semblent mieux adaptés aux sols où les cépages américains purs (dont ils sont issus) se chlorosent.

Le bois de ces hybrides est aussi plus gros; ils résistent mieux à la sécheresse et à un certain degré de calcaire que les américains purs. — Il y a lieu, comme nous le disions au commencement de ce chapitre, de faire un choix parmi ces divers types.

La catégorie la plus connue est actuellement celle des Riparia × Rupestris.

RIPARIA × RUPESTRIS 3306, DE COUDERC

Ressemble beaucoup plus au Rupestris qu'au Riparia. — *Souche* vigoureuse. — *Feuilles* larges et d'un vert brillant. — *Sarments* longs et à mérithalles allongés. Bois régulier de grosseur.

Le 3306 est légèrement tomenteux ; il paraît être légèrement inférieur au 3309 comme résistance à la chlorose dans les sols calcaires.

On les conseille plutôt dans les sols calcaires caillouteux et secs que dans les sols marneux ; cependant d'excellents praticiens croient à cet égard le 3306 et le 3309 inférieurs aux franco × américains comme résistance à la sécheresse.

Riparia × Rupestris 3306. de Coudere.

RIPARIA × RUPESTRIS 3309, DE COUDERC

Ressemble au 3306, mais la *feuille* est plus glabre ; le *sinus* pétiolaire est plus ouvert. La *souche* est également très vigoureuse. Les *sarments* longs et réguliers rougeâtres, glabres, donnent abondamment un excellent bois de greffe. Le 3309 paraît mieux se comporter que le 3306 en sol calcaire.

Les deux Riparia Rupestris 3306 et 3309 semblent destinés à remplacer le Riparia dans les sols trop maigres ou bien dans lesquels le Rupestris donne des ceps sujets à la coulure. Ce sont des plants à cultiver en toute sécurité dans les conditions que nous venons d'indiquer.

Le 3309 mûrit mieux sur bois ; à conseiller pour les vignobles septentrionaux.

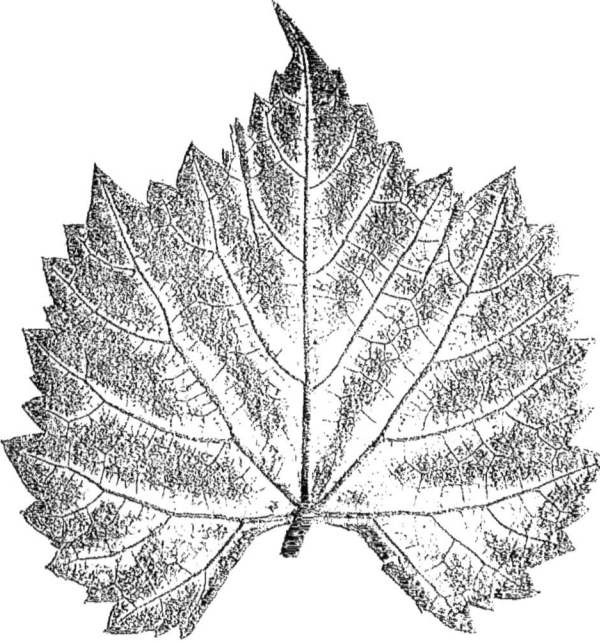

Riparia × Rupestris 3309, de Coudere.

RIPARIA × RUPESTRIS 101-14, DE MILLARDET

—

DESCRIPTION. — *Souche* vigoureuse. *Sarments* sont moyens ou gros, rouge violacé clair.— *Feuilles* intermédiaires entre le Riparia et le Rupestris, mais à pointe terminale plus accentuée que dans les 3306 et 3309. — *Racines* grosses, charnues et résistant bien au phylloxéra.

Réussit assez bien au greffage sans valoir à cet égard le Riparia.

Il craint bien moins le calcaire que le Riparia et supporte également mieux que lui les terres de bonne qualité, même à sous-sol humide ou imperméable.

En résumé, c'est un plant porte-greffe à conseiller là où l'on aurait employé le Riparia autrefois : il donne des greffes très fructifères.

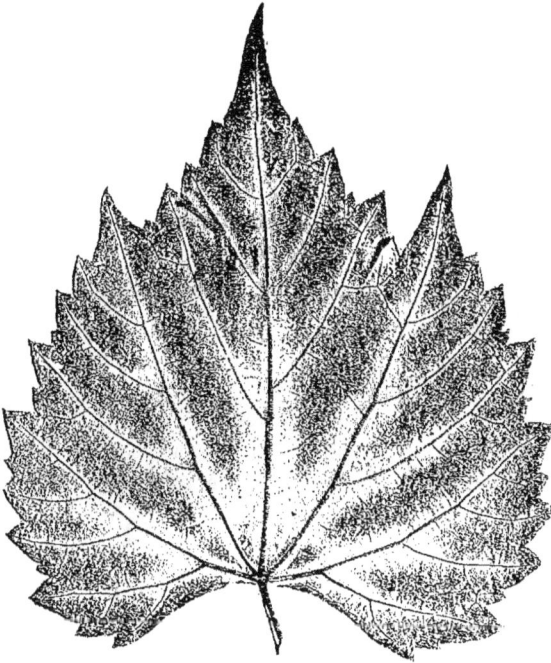

Riparia ✕ Rupestris 101/14, de Millardet.

4

SOLONIS × RIPARIA 1615, DE COUDERC

Feuillage tenant à la fois du Riparia et du Solonis. — *Souche* très forte, bois régulier, moyen ou gros, à mérithalles allongés.

Ce plant se greffe très bien, presque aussi bien que le Riparia.

Il paraît ne pas valoir le 1616 dans les sols trop calcaires (30 p. 100).

A conseiller dans les sols caillouteux et secs ainsi que dans les sols plus fertiles même un peu calcaires, mais ils ne valent pas à cet égard les franco × américains signalés précédemment et notamment le Mourvèdre, 1202.

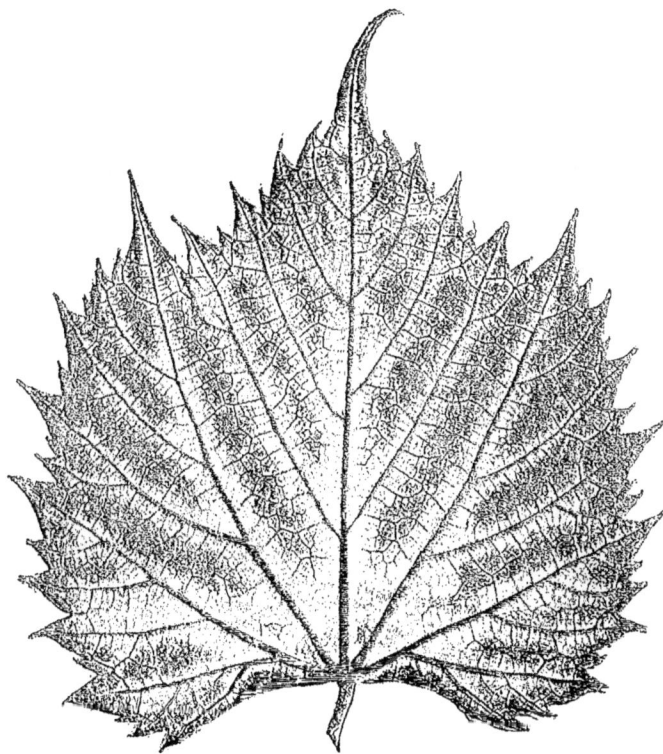

Solonis × Riparia, nᵒ 1615.

SOLONIS × RIPARIA 1616, DE COUDERC

——— ......

Présente sensiblement, comme aspect, *souche, sarments, feuillage*, etc., les mêmes caractères que le 1615, mais paraît mieux se comporter que lui dans les sols calcaires. A cet égard il est bien supérieur au Solonis qu'il remplace avec avantage.

Ce plant dans les sols calcaires du Mâconnais et du Châlonnais a donné d'excellents résultats.

Solonis × Riparia, n° 1616.

BOURRISQUOU × RUPESTRIS × MONTICOLA

(OU CALCICOLA) = 601 × MONTICOLA OU 132-4 ET 132-5, DE COUDERC

Ces deux hybrides relativement récents sont des 3/4 de sang américains. Ils sont très vigoureux. — *Rameaux* forts et longs. — *Feuilles* d'un vert intense, et très résistants au phylloxéra, tout en se comportant bien dans les sols crayeux.

Le 132-4 se distingue du 132-5 par sa feuille à dentelures plus fines et le *sinus* pétiolaire plus ouvert.

N° 132-4 — 601 × Monticola.

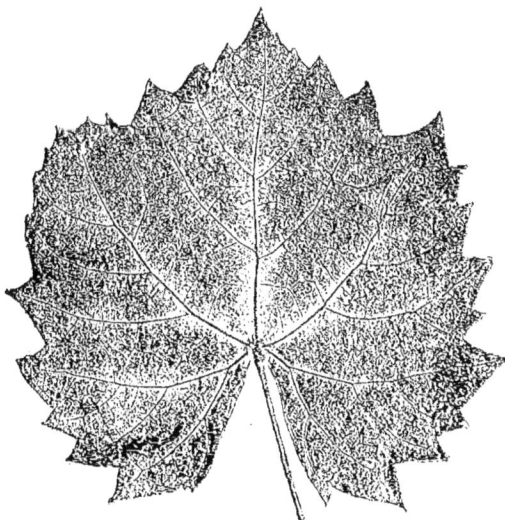

N° 132-5 — 601 × Monticola.

CHASSELAS × BERLANDIERI 41-B DE MILLARDET

Quoique datant déjà de 1882, ce porte-greffe n'a été préconisé par M. Millardet qu'il y a cinq ou six ans. Il n'a donc donné lieu qu'à un petit nombre d'essais. Il semble bien réussir dans les sols marneux, mais ne présente qu'une vigueur plutôt moyenne.

DESCRIPTION. — Port étalé, aspect général de Berlandieri. — *Feuilles* très pubescentes, d'un vert brillant; de forme légèrement pentagonale et arrondie ou cordiforme. — *Sinus* péliolaire peu ouvert. — *Racines* fortes et charnues.

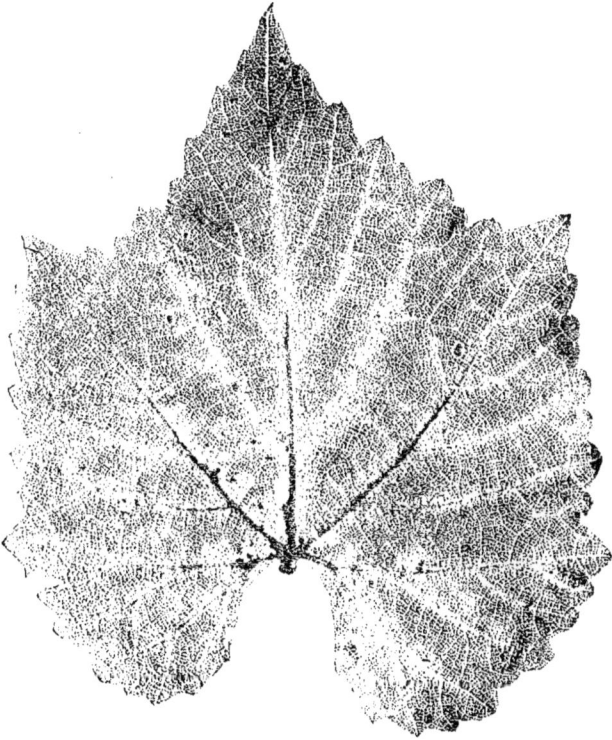

Chasselas × Berlandieri 41-B de Millardet.

PRODUCTEURS DIRECTS

Au début de la reconstitution des vignobles, plusieurs cépages américains, producteurs directs, furent plantés par les viticulteurs ; entre autres le *Jacquez : hybride de Vinifera* × *Œstivalis et Cinerea*. — Ce plant était très en faveur il y a quinze ans environ. — Très vigoureux, produisant un raisin noir à grosses grappes, mais aux grains petits et peu juteux. Un vin très coloré violet, sans goût foxé marqué et convenant surtout au coupage. Cette couleur violacée du vin de Jacquez était souvent une cause de mévente. On était obligé, pour la faire tourner au rouge et donner plus de brillant au vin, d'y ajouter de 50 à 70 grammes d'acide tartrique par pièce. — Le Jacquez est un plant tardif pour notre région. Il peut servir de porte-greffe, même pour les sols un peu calcaires, mais il y a mieux, aujourd'hui, à cet égard.

LE JACQUEZ

Producteur direct noir.

DESCRIPTION. — *Souche* vigoureuse à *port* demi-érigé. — *Sarments* longs et réguliers d'un violacé rougeâtre très reconnaissable, bourgeons passant du roux au carmin.

Feuilles grandes, d'un vert foncé, tout spécial, face supérieure brillante trilobées ou même quinquélobées. — *Grappe* grosse à grains petits et serrés et donnant une pulpe épaisse et un vin noir très coloré, tirant sur le violet ou le rouge bleuâtre, de maturité tardive.

Jacquez.

HERBEMONT

— —

Producteur direct rouge.

DESCRIPTION. — *Souche* vigoureuse, à port étalé. — *Sarments* longs et réguliers, de grosseur moyenne. — *Mérithalles* peu allongés. — *Feuilles* grandes, tri ou quinquélobées, faiblement ondulées, à lobe supérieur bien détaché, d'un vert médiocrement foncé et glabres à la face supérieure ; d'un vert plus pâle avec des poils raides et serrés à la face supérieure, deux séries de dents peu aiguës.

La feuilles de l'Herbemont ressemblent beaucoup à celle du Jacquez. mais sont nettement plus gaufrées et d'un vert plus clair. — L'*Herbemont* donne un raisin long, à grains petits, peu coloré, donnant un vin moins foncé, mais d'un rouge plus franc que celui du Jacquez et d'un meilleur goût.

Il a été abandonné comme porte-greffe.

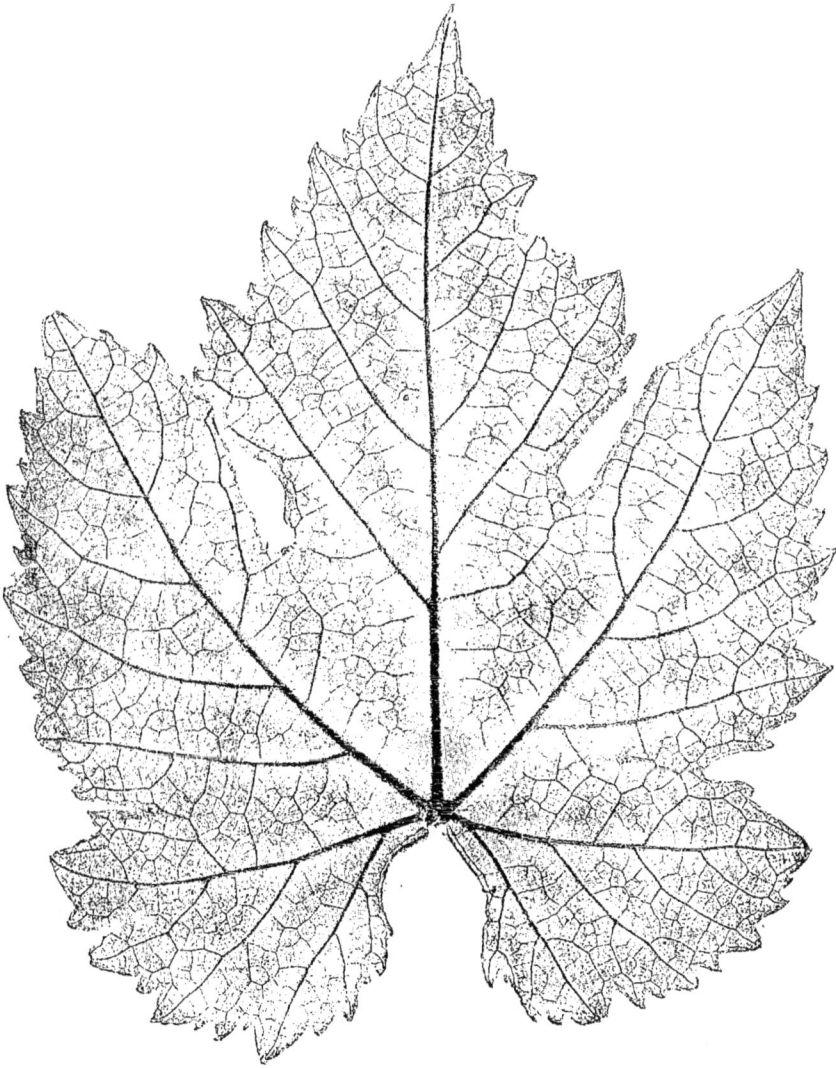

Herbemont.

OTHELLO

DESCRIPTION. — *Souche* vigoureuse, port demi-érigé. — *Sarments* de longueur et de grosseur moyennes. — *Débourrement* vert clair caractéristique, jeunes feuilles nettement trilobées, parfois quinquélobées. — *Feuilles* grandes à leur complet développement; trilobées; à sinus pétiolaire fermé, les bords des deux lobes se superposent; à deux séries de dents assez aiguës, face supérieure vert foncé. Face inférieure de couleur vert blanchâtre avec duvet floconneux blanc disposé par petites touffes sur les nervures et les sous-nervures. — Hybride Clinton $\times$ Noir de Hambourg. — N° 1 d'Arnold. — Le cépage rouge, à production directe le plus répandu. — *Feuille* ressemblant beaucoup à celles du platane, raisin volumineux et à gros grains, pulpe épaisse, goût foxé. Vin coloré et foxé.

Plant à très grande production, très répandu dans le Centre de la France à une époque où le greffage n'était pas suffisamment apprécié.

Sa résistance est insuffisante dans le Midi de la France et dans les vignobles très phylloxérés. Il est actuellement remplacé par des hybrides plus résistants et plus francs de goût.

L'Othello est très sensible au mildiou et ne supporte pas le soufrage.

On peut le défendre contre l'oïdium en le traitant avec une solution de sulfure de potassium à 0^k,250 à 0^k,500 pour 100 litres d'eau. — (Traitements de Garanger et analogues.)

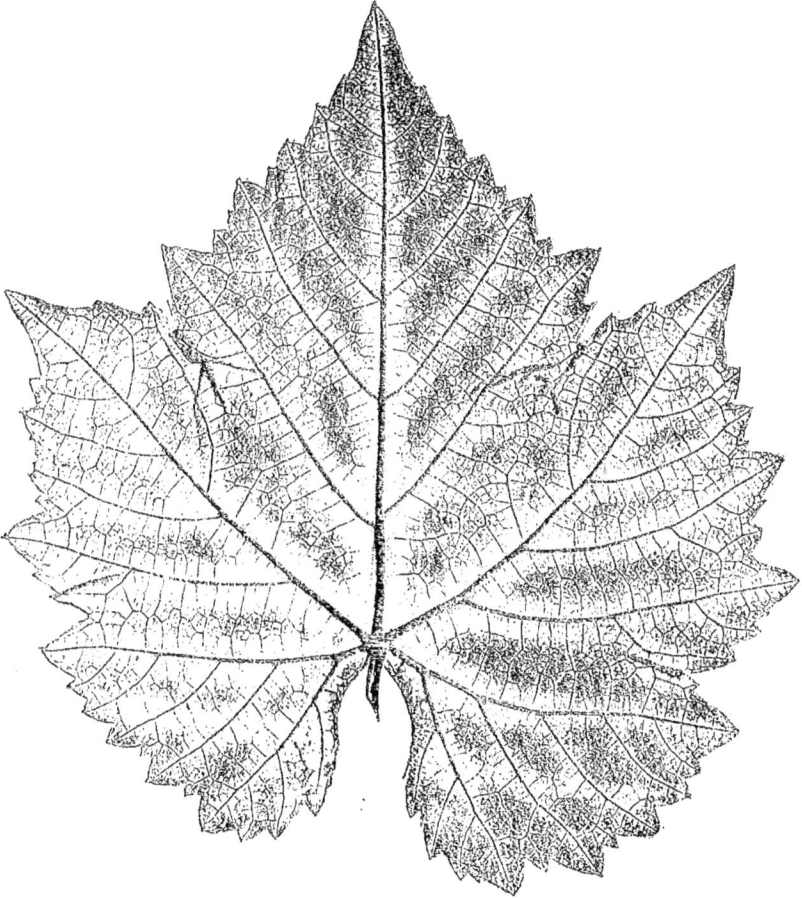

Othello.

SENASQUA

Producteur direct rouge. — Hybride Concord × Black-Prince. — *Feuille* ressemblant un peu à celle de l'Othello, mais plus pleine et plus gaufrée, très duveteuse au-dessous. — *Sinus* latéraux peu profonds. *Sinus* pétiolaire largement ouvert et à section quadrangulaire; nervures proéminentes amincies faiblement à leur réunion, assez épaisses, rugueuses, finement gaufrées; luisantes, glabres et d'un vert foncé à la face supérieure; à tomentum blanc, serré sur le parenchyme à la face inférieure, avec poils par bouquets disséminés sur les nervures et sous-nervures; deux séries de dents détachées obtuses et à pourtour clair. — Raisin volumineux, serré, un peu meilleur que celui de l'Othello. Plant plus tardif au débourrage et qui, à cet égard, a été apprécié pour les plantations dans les parties basses exposées aux gelées. — Résistance insuffisante, à délaisser. Gagnerait à être greffé.

Senasqua.

CANADA

—

Producteur direct rouge. — Hybride de Clinton × Black-Saint-Peters.

Description. — *Souche* de vigueur moyenne, port étalé, tronc grêle. — *Sarments* longs et grêles. — *Bourgeonnement* vert clair. — *Feuille* légèrement lobée, mais sinus très apparent, d'un vert très clair. — *Grappe* moyenne ou petite, ressemblant un peu à celle du pinot. — *Grains* d'un goût assez franc relativement à l'Othello et au Senasqua. — Maturité de 2ᵉ époque.

Cépage de production faible ou moyenne, résistance insuffisante, sauf dans les sols très fertiles. Actuellement il est avantageusement remplacé par des plants directs plus vigoureux et plus résistants.

Canada.

CORNUCOPIA

Producteur direct rouge. — Hybride de Clinton × Black-St-Peters.

DESCRIPTION. — *Souche* de vigueur moyenne à port étalé. — *Sarments* longs et grêles. — *Bourgeonnement* vert clair. — *Feuilles* moyennes entières, légèrement lobées avec des sinus latéraux peu apparents, sinus péliolaire peu ouvert en V ; face supérieure glabre, d'un vert gai, avec les nervures teintées d'un brun rouge ; face supérieure d'un vert plus pâle avec des poils raides sous les sous-nervures et les nervures qui sont colorées en rouge à leur origine ; deux séries de dents peu profondes et généralement obtuses. — *Grappes* moyennes. — *Grains* noirs, juteux, vin un peu foxé mais agréable.

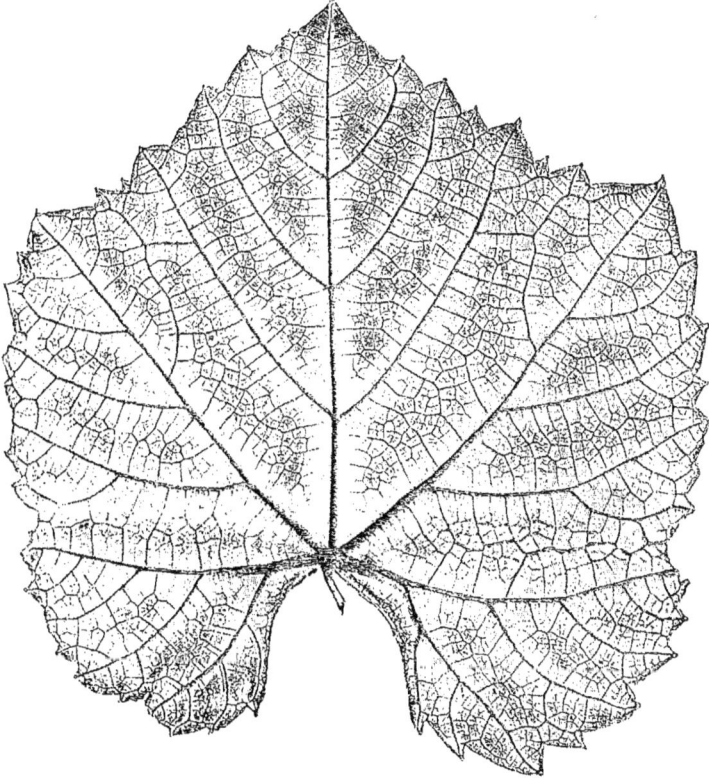

Cornucopia.

BLACK-DÉFIANCE

Producteur direct rouge. — Hybride de Black-St-Peters et de Concord. — *Souche* très vigoureuses. — *Sarments* gros et forts. — *Feuilles* grandes, épaisses et trilobées ; sinus latéraux peu profond ; sinus pétiolaire à peine ouvert ; quelquefois les lobes pétiolaires se superposent ; face supérieure glabre, d'un vert foncé et sombre ; face inférieure, munie d'un duvet blanchâtre assez abondant ; dents en deux séries. La feuille est épaisse, gaufrée, se colore en rouge à l'arrière-saison. — *Raisins* gros et serrés donnant un vin un peu foxé. Ce plant est tardif comme maturité. Il ne vient bien que dans les sols très fertiles du centre de la France. — *Résistance* faible au phylloxéra.

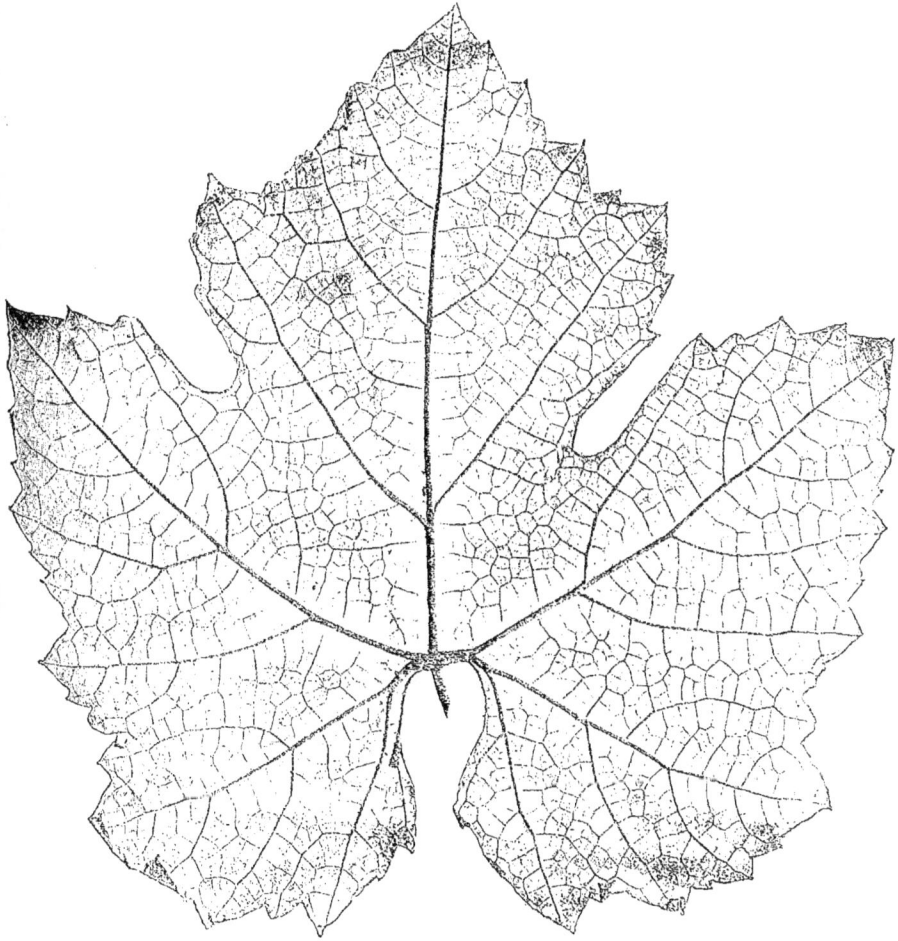

Black-Défiance.

NOAH

Producteur direct blanc. Hybride de Labrusca et de Riparia. — *Souche* vigoureuse. — *Sarments* longs et un peu grêles d'un rouge brun à l'aoûtement. — *Feuilles* moyennes ou grandes entières, rarement trilobées, les lobes supérieurs toujours marqués par un plus grand développement des dents. — *Sinus* pétiolaire moyennement ouvert, parenchyme un peu épais, d'un vert foncé lustré et glabre à la face supérieure. L'un des cépages blancs les plus productifs, vin alcoolique à goût foxé, raisins abondants qu'il faut cueillir un peu avant maturité, car il s'égrène facilement. Plus résistant que l'Othello dont le vin, au début de l'emploi des producteurs directs était souvent remonté par un mélange de 25 p. 100 de vin de Noah.

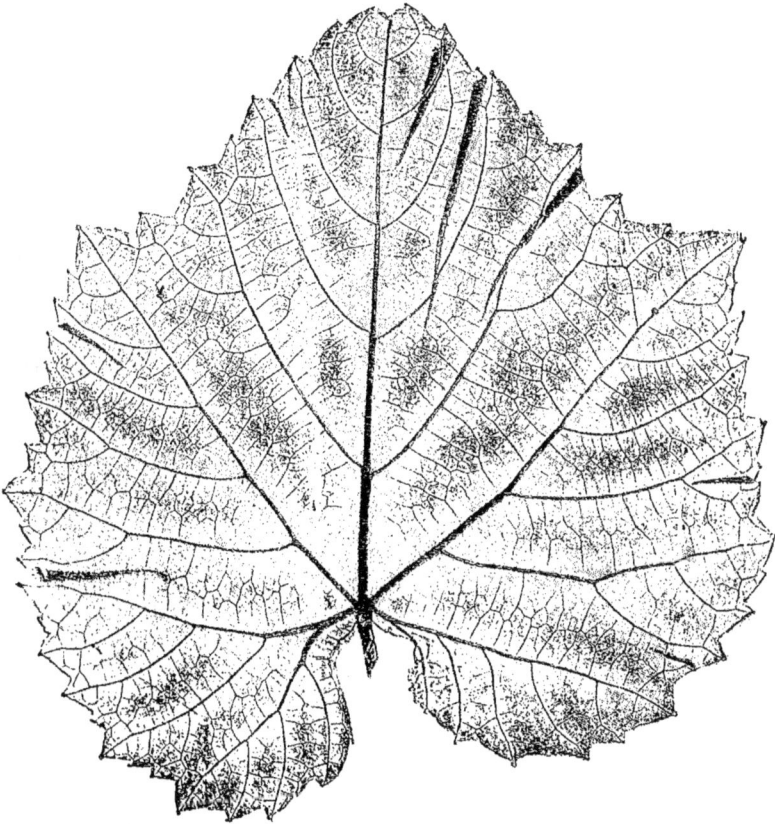

Noah.

DUCHESS

Concord × Delaware. — Producteur direct, blanc, supérieur comme qualité au Noah et moins exigeant comme terrain, est beaucoup moins répandu que ce dernier. Par distillation, le vin de Duchess donne une eau-de-vie d'excellente qualité. — *Feuille* assez épaisse, cordiforme.

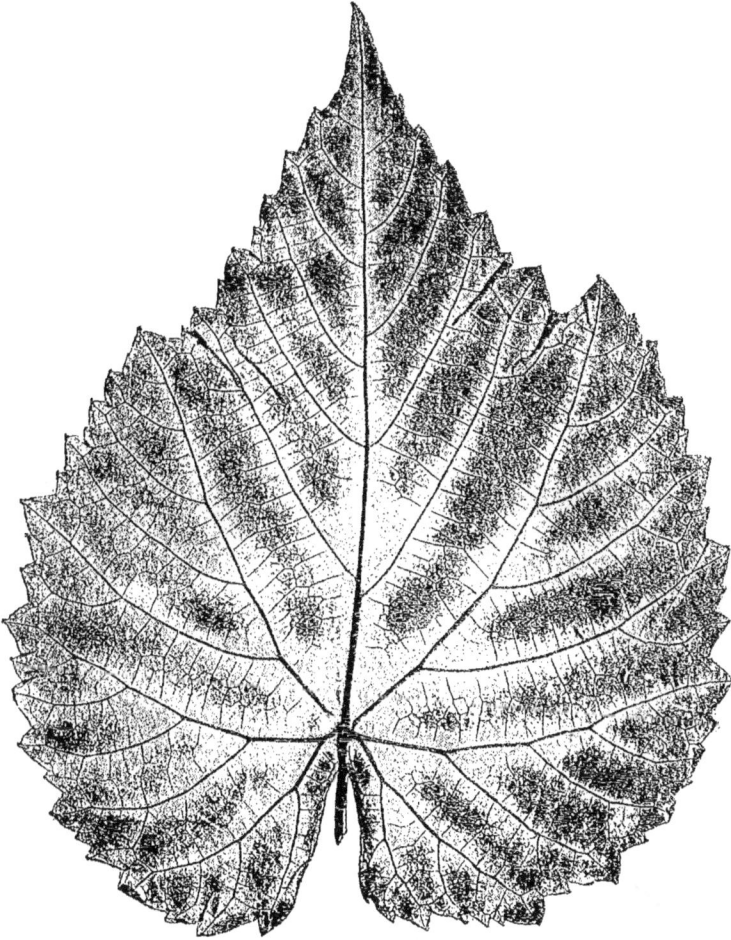

Duchess.

HYBRIDES PRODUCTEURS DIRECTS
NOUVEAUX

Les anciens producteurs directs délaissés pour cause de résistance insuffisante au phylloxéra et, disons-le aussi, surtout pour les plants greffés, semblent revenir en faveur actuellement.

D'abord les chercheurs infatigables que nous avons cités à plusieurs reprises, Couderc, Ganzin, Millardet, D. Davin, Castel, Seibel, Terras, etc., ont obtenu, pendant ces dernières années, une remarquable collection d'hybrides producteurs directs plus résistants, étant obtenus par hybridation avec le Rupestris Martin ou Ganzin, plus résistants que le Concord ou autres Labrusca avec lesquels étaient hybridés les anciens plants.

Enfin, les ravages occasionnés par le mildiou de 1886 à 1890 sur les plants greffés, a fait ressortir l'immunité relative que présentent certains producteurs directs américains ; c'est ce qui a fait, vers cette époque, la fortune du Clinton, baptisé Plant-Pouzin et qui a été répandu, à des prix exorbitants dans l'Isère, l'Ain, le Jura, etc. Il n'en est pas moins vrai que, avec ce plant, les viticulteurs de la Drôme récoltaient un peu de vin noir et foxé il est vrai, mais ne s'occupaient nullement du mildiou, la terreur, à cette époque, des possesseurs de vignes reconstituées en plants greffés.

Actuellement, une autre maladie nous envahit : le black-rot, autrement plus terrible que le mildiou et plus difficile à enrayer, à un certain degré d'attaque.

Or, si l'on réfléchit que dans un certain nombre de localités, dans les parties montagneuses surtout, on fait des vins plutôt communs, au moyen de cépages le plus souvent tardifs, la tendance actuelle étant malheureusement de subordonner la précocité à l'abondance de la production (on commence à en revenir heureusement), on s'explique que des plants américains producteurs directs : 1° plus résistants que les anciens ; 2° à goût plus franc et à production suffisante ; 3° qui présentent une grande résistance au mildiou et une résistance relative au black-rot (ce qui simplifiera les traitements), on s'explique, disons-nous, que ces plants intéressent les viticulteurs se trouvant dans les conditions que nous venons d'indiquer.

Il est évident qu'on ne saurait encourager d'une façon absolue la tendance au remplacement des anciens cépages français qui sont ini-mitables et si bien adaptés à notre pays, mais il n'y a pas non plus lieu de décourager les chercheurs de plants nouveaux, en présence surtout des résultats déjà obtenus

Du reste, quelle que soit l'opinion que l'on partage à cet égard, notre devoir est de renseigner, dans la limite du possible, les viticul-teurs sur les cépages les plus répandus actuellement. C'est ce que nous faisons dans ce petit travail.

SEIBEL N° 1

Producteur direct rouge.

Rupestris × Linsecumii (n° 70 de Jaeger) × Cinsaut. (Le Cinsaut est un cépage français du Midi.)

DESCRIPTION. — *Souche* très vigoureuse. — *Port* étalé un peu buissonnant. — *Sarments allongés*, de grosseur moyenne. — *Bourgeonnement* glabre vert clair. — *Feuilles* à forme rappelant le rupestris plutôt petite, entière, dents arrondies et peu développées, d'un vert clair et luisant. — *Grappe* plutôt moyenne. — *Grains* assez gros, plutôt *ovoïdes* que *sphériques*.

M. Seibel, à Aubenas, a obtenu plusieurs hybrides, parmi lesquels le n° 1 présente des qualités qui l'ont fait apprécier des viticulteurs. Il produit beaucoup, d'un raisin à grains assez gros et franc de goût, ainsi que le vin qu'il produit. Il est plus tardif que le Gamay (de quelques jours), mais produit davantage, surtout au début. Il présente, en outre, une résistance à l'oïdium et au mildiou, bien supérieure à celle des autres cépages ; sa résistance au black-rot, sans être absolue, est encore assez marquée pour qu'il soit plus facile à défendre, au moyen de quelques traitements, que les cépages français greffés. Les feuilles de l'hybride Seibel n° 1 restent vertes très longtemps encore après la vendange. Il constitue, en résumé, parmi les producteurs directs nouveaux, un plant qui mérite d'attirer l'attention des viticulteurs.

Hybride Seibel, n° 1.

SEIBEL N° 2

—

Producteur direct rouge.

DESCRIPTION. — *Souche* vigoureuse. — *Port* demi-érigé. — *Bourgeon-*
nement variant du roux au rosé. — *Feuilles* grandes ou moyennes entières,
dents plus développées que dans le n° 1. — *Sinus* pétiolaire plus fermé que
dans le Seibel n° 1. — *Grappe* grosse ou moyenne, à grains moyens, sphériques, donnant un vin fruité très coloré, un peu acide et à saveur fraîche,
Cépage à maturité un peu plus tardive que le Seibel n° 1.

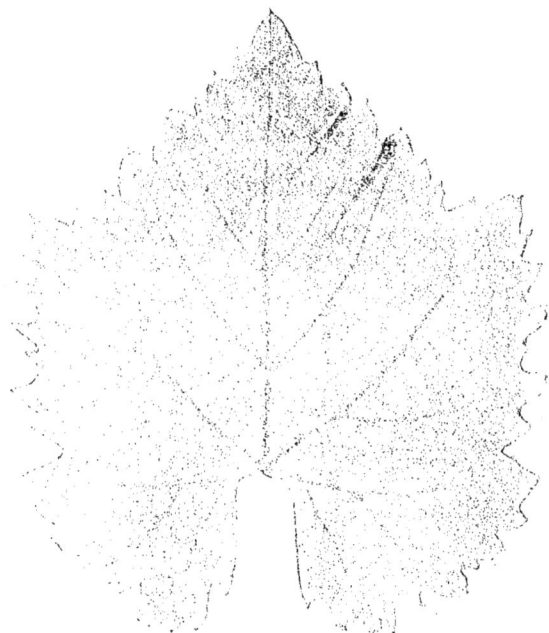

Hybride Seibel, n° 2.

ALICANTE × RUPESTRIS TERRAS Nº 20

Producteur direct rouge.

Souche très vigoureuse. — *Port* demi-érigé. — *Débourrement* assez précoce, plutôt moyen. — *Feuilles* rappelant un peu celle de l'Érable Sycomore, comme celle de l'Othello rappelle la feuille du platane. — *Reprise* très bonne, tant au bouturage qu'au greffage. — *Raisins petits*, nombreux, mais donnant un vin très coloré quoiqu'un peu plat.

On le dit assez résistant au black-rot. Il y a lieu cependant de bien sélectionner les boutures de ces hybrides pour la fructification. Il existe plusieurs numéros de ce plant, notamment les nᵒˢ 18 et 19, qui passent pour moins résistants au phylloxéra que le nᵒ 20.

Il importe donc de pouvoir distinguer ces trois variétés ; la chose est facile. Le nᵒ 20 conserve ses feuilles vertes jusqu'à la fin de l'automne celles des nᵒˢ 18 et 19, au contraire, rougissent dès le commencement ou dans le courant de septembre.

Alicante × Rupestris Terras, nº 20.

CHASSELAS ROSE × RUPESTRIS 4401

———————

Plant très vigoureux à débourrement moyen ou précoce, reprend très bien au greffage et à la plantation, comme maturité assez précoce. Il produit un raisin plutôt moyen, à petits grains. Le vin est très coloré, plutôt commun, mais de bonne vente. Il paraît assez résistant au phylloxéra.

L'un des hybrides nouveaux les plus estimés et qui mérite la plus grande part du bien qu'on en dit. — Malgré le nom de Chasselas rose, il donne un vin très coloré et franc de goût, très riche en extrait sec. — Il veut un sol plutôt de fertilité moyenne et assez frais, car ce cépage est très vigoureux. Il supporte de 20 à 25 p. 100 de calcaire. — Il résiste bien aux attaques du black-rot et autres maladies cryptogamiques, ainsi qu'aux gelées d'hiver ; quant à celles du printemps, il donne des secondes pousses fructifères. — En résumé, c'est un cépage qui présente pour notre région du centre de sérieux avantages. — Il existe depuis quatre à huit ans chez certains viticulteurs de la région qui ont pu en apprécier les qualités.

Chasselas rose × Rupestris, n° 4401.

HYBRIDE FRANC

Port demi-érigé. — *Débourrement* plutôt moyen, mais *maturité précoce.* — *Feuilles* assez profondément lobées. très facile à reconnaître à quelque rapport avec celle du Canada, ou de Jacques. — *Raisins* très nombreux, petits ou moyens. — *Grains* moyens, donne un jus très rouge non foxé. Le *vin* est extrêmement noir.

Rupestris × plant inconnu. Trouvé il y a dix ou douze ans à la pépinière de Bourges par M. Franc, professeur départemental d'agriculture du Cher. — Le sol de cette pépinière est sec et très calcaire. — L'hybride Franc, qui dérive du Rupestris, y est très vigoureux et produit une très grande quantité de raisins. — Le vin est extrêmement coloré, goût assez franc, quoique plutôt plat. — C'est un vin de coupage principalement. — On dit ce plant sinon résistant d'une façon absolue au black-rot, mais assez facile à défendre par quelques traitements. Reste à savoir comment il se comportera dans le climat humide du sud-ouest de la France. — Il faut attendre les essais pour se prononcer.

Hybride Franc.

BOURRISQUOU × RUPESTRIS 3907

Producteur direct rouge.

Plant très vigoureux. — *Souche* forte. — *Débourrement* tardif. — *Maturité*, moyenne, même un peu tardive. La reprise de boutures est bonne. La production est abondante, quoique le raisin soit à petits grains. — *Vin* bien coloré, franc de goût.

Plant à essayer là où la maturité peut se produire en bonne époque. Il paraît assez résistant au phylloxéra et aux maladies cryptogamiques ; il est facile à défendre avec un ou deux sulfatages.

Bourrisquou ✕ Rupestris, n° 3907.

JARDIN 503, RUPESTRIS × PETIT-BOUSCHET

Rupestris × Petit Bouschet. Aspect général de Vinifera-Rupestris. — *Souche* forte. — *Port* plutôt dressé que buissonnant. — *Bourgeonnement* peu élancé, vert ou vert glauque. — *Débourrement* tardif grisâtre. — *Bouturage* facile. — *Feuillage* massé, plutôt moyen. — *Raisins*, assez nombreux, massés et compacts. — *Maturité* de 2ᵉ époque. — *Vin bon*, franc de goût, assez résistant au phylloxéra et aux maladies cryptogamiques. Craint la mélanose.

Jardin, 503. Rupestris × Petit-Bouschet.

JARDIN 504, RUPESTRIS × PETIT BOUSCHET

Rupestris × Petit Bouschet.

Ressemble beaucoup au J. 503.

Aspect général rappelant mieux le Rupestris. — *Bourgeonnement* plus élancé. — *Débourrement* vert jaunâtre. — *Feuillage* moins glauque. — *Raisin* petit, massif, à grains plus gros. — *Maturité* à la fin de la première époque.

Reprend bien de bouture, résiste bien au phylloxéra et aux maladies (moins au black-rot et à l'anthracnose).

Vin l'un des meilleurs des hybrides de Rupestris, coloré, fin et de bon goût; production faible mais régulière.

Jardin, 504. Rupestris × Petit-Bouschet.

CANADA × RUPESTRIS MARTIN 3303

Canada × Rupestris Martin.

Aspect général du Rupestris, mais *feuillage* plus grand et plus découpé. — *Sinus* pétiolaire peu ouvert. — *Souche* de vigueur moyenne. — *Bourgeonnement* glabre. — *Débourrement* précoce roux ou bronzé. — *Vin* fort, bon goût, très coloré. — *Reprise* de bouture bonne. — *Maturité* précoce. Résiste assez au phylloxéra et aux maladies.

Dans les *sols* calcaires et même un peu crayeux il se comporte bien.

Canada × Rupestris-Martin 3303.

OPORTO × COLOMBEAU

Aspect général de Vinifera. — *Feuillage* ample et entier. — *Sarments* peu ramifiés. — *Raisins* noirs, cylindriques, massés, à gros grains un peu foxés.

Souche vigoureuse, port demi-érigé. — *Bourgeonnement* tomenteux rose. — *Débourrement* tardif.

Vin assez coloré, légèrement foxé. Ce plant reprend bien de bouture.

Résistance suffisante aux maladies et au phylloxéra.

Sols argilo-siliceux ou peu calcaires de la région nord et du centre.

Oporto × Colombeau 1401.

JARDIN 201, RIPARIA × RUPESTRIS × ARAMON

Producteur direct rouge. Cépage 1/4 de sang Rupestris. — *Souche* vigoureuse, port érigé. — *Débourrement* tardif. Maturité de 2e époque. — *Raisins* plutôt petits, à grains moyens et serrés. Vin d'un rouge clair vif, tirant un peu sur le violet, un peu acide. Paraît assez résistant au phylloxéra. — A cultiver plutôt à taille longue.

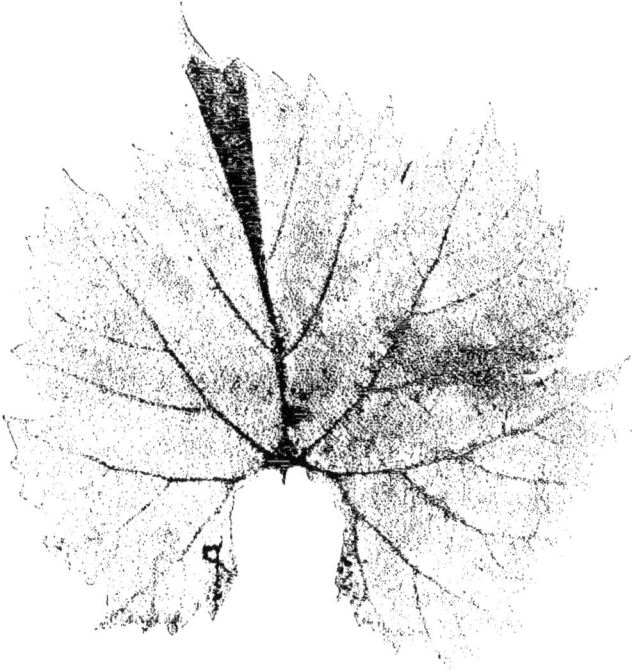

Jardin. 201. Riparia $\times$ Rupestris $\times$ Aramon.

AUXERROIS × RUPESTRIS

OU HYBRIDE LACOSTE, OU HYBRIDE DE PARDES

Ce plant, que l'on croit être un hybride de *Rupestris metallica* avec le *Cot* ou Auxerrois du Lot, est connu sous les trois noms que nous venons d'indiquer.

Souche très vigoureuse, rappelant, comme port, le *Rupestris* du Lot. — *Sarments* gros, de couleur brun rougeâtre. — *Feuilles* à sinus pétiolaire, moyennement ouvert.

Grappe à grains espacés, oblongs, à goût sucré. Vin coloré, tirant un peu sur le violet rougeâtre.

Paraît se comporter assez bien en sols calcaires et résister au phylloxéra et aux maladies cryptogamiques. Cépage à étudier.

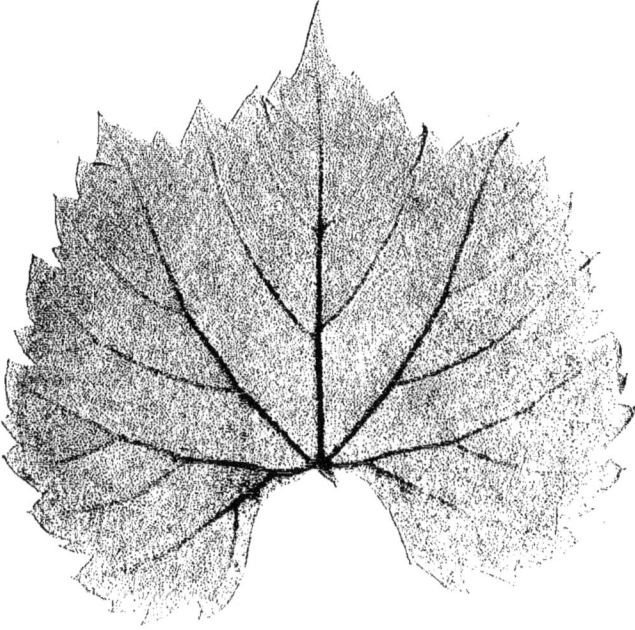

Auxerrois × Rupestris.

SYRAH × YORK 1101

Le Syrah a une *souche* assez vigoureuse. — *Feuilles* assez grandes, d'un vert foncé et glabres à la face supérieure, recouvertes à la face inférieure d'un duvet aranéeux, surtout sur les nervures, quinquélobées. — *Sinus* pétiolaire ouvert, dents obtuses.

Cépage à raisin blanc, très résistant à la chlorose, même en sols calcaires à 30 p. 100.

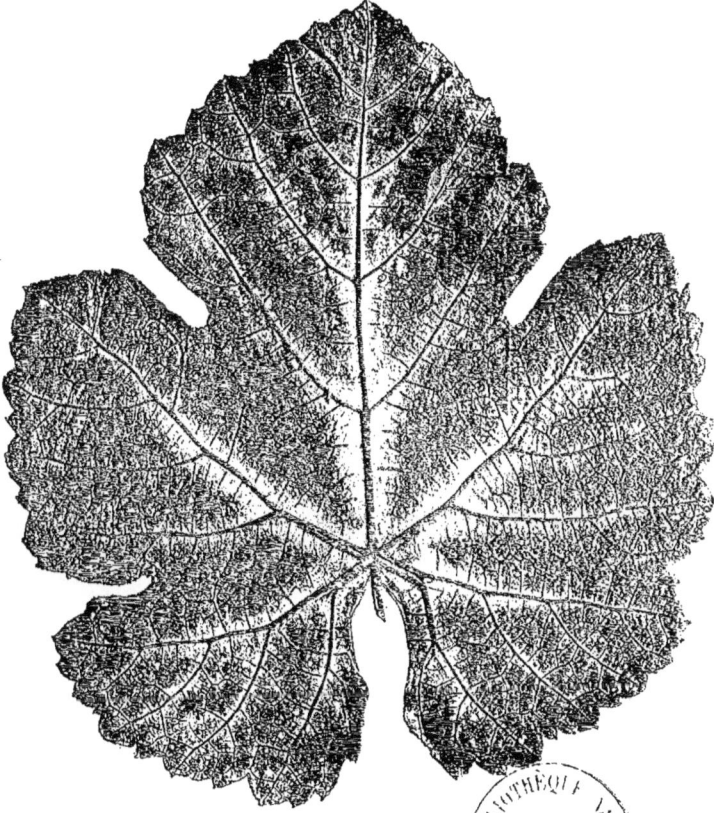

Syrah × York, n° 1101.

TABLE DES MATIÈRES

— — — —

ÉVREUX, IMPRIMERIE DE CHARLES HÉRISSEY.

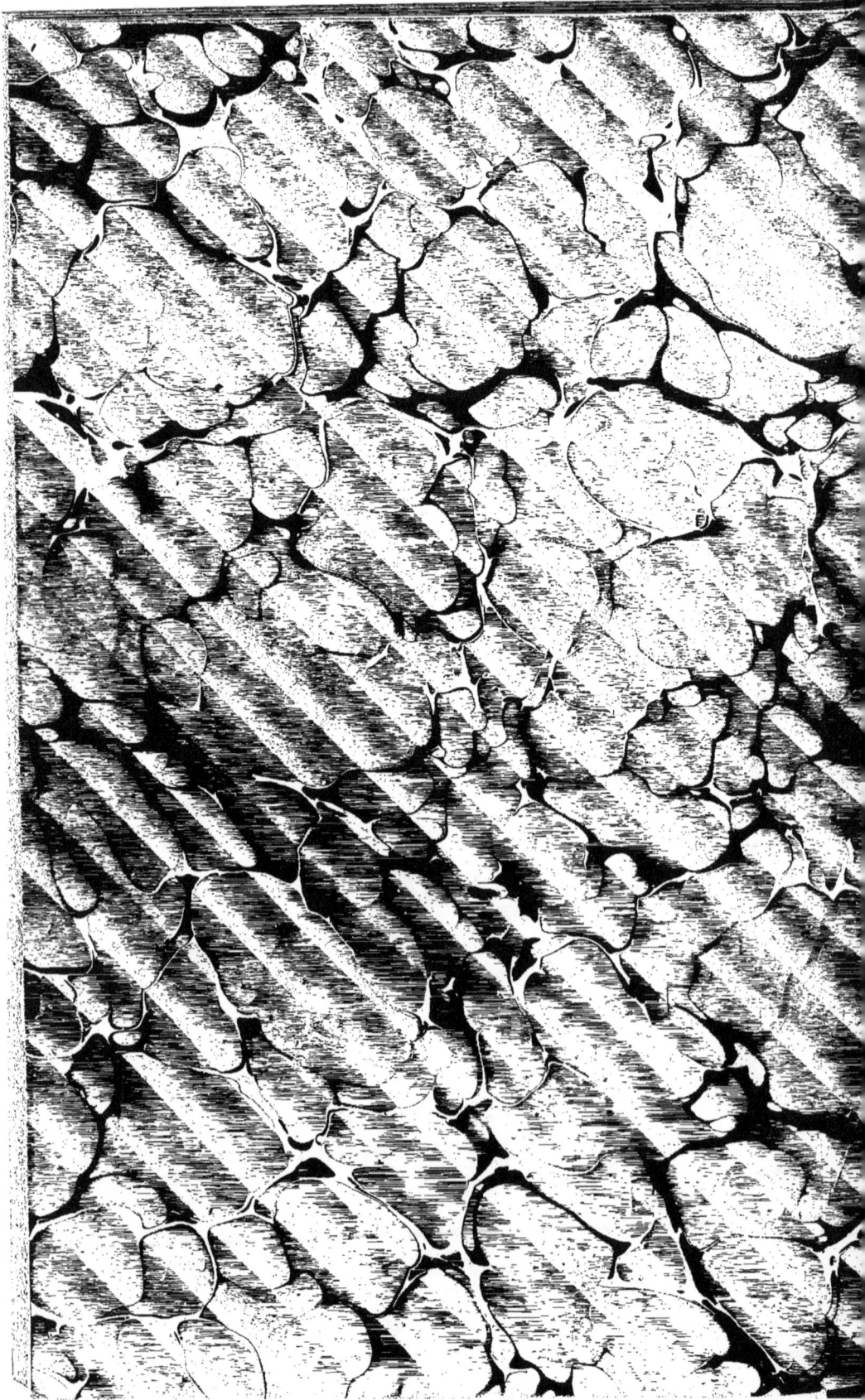

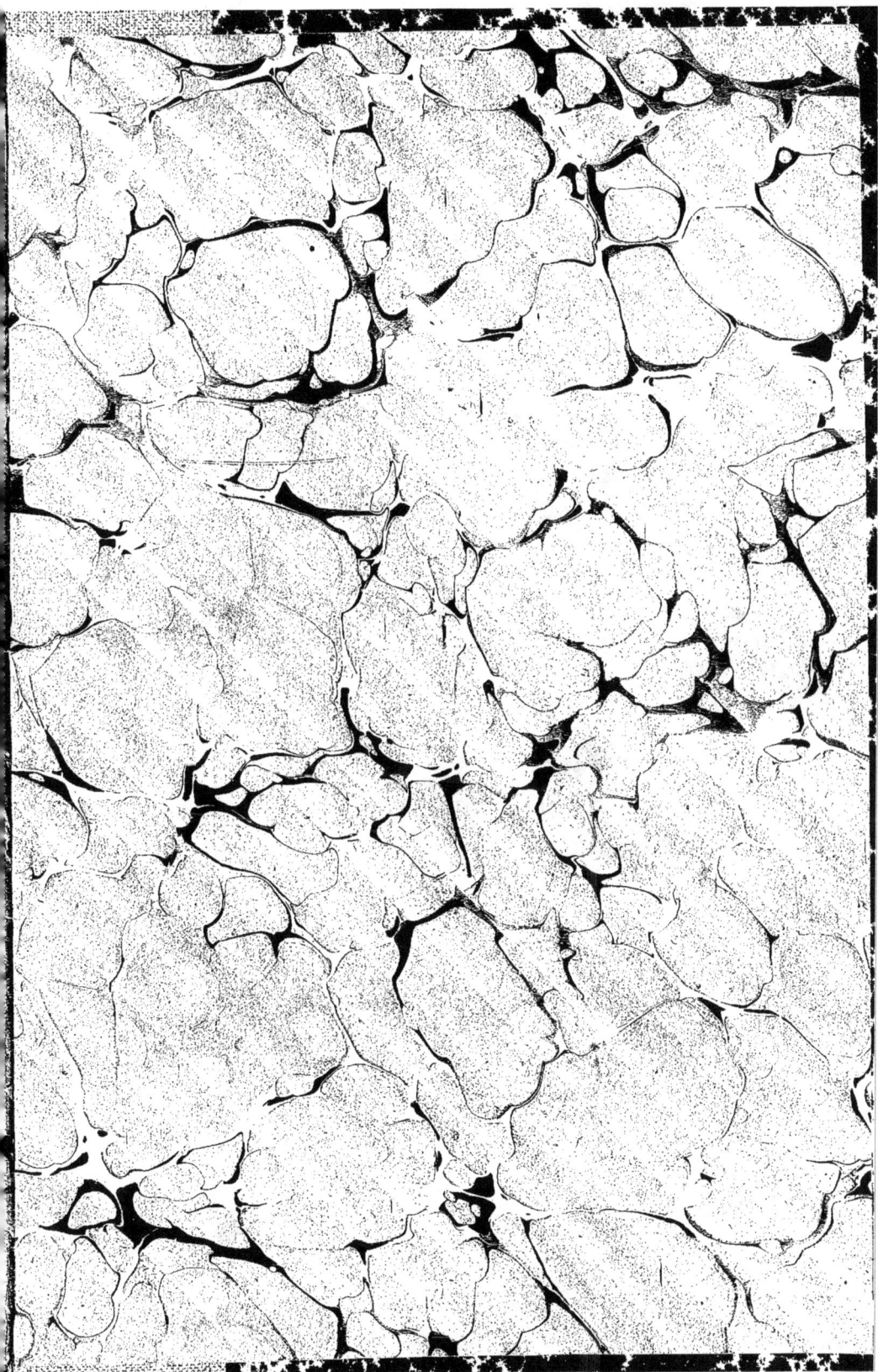